普通高等院校景观设计艺术精品教材

景观设计概论

Design of Landscape

主　编　廖启鹏
副主编　曾　征　胡　晶　程璜鑫　刘　军　王　琦

WUHAN UNIVERSITY PRESS
武汉大学出版社

图书在版编目(CIP)数据

景观设计概论/廖启鹏主编．—武汉：武汉大学出版社，2016.9
普通高等院校景观设计艺术精品教材
ISBN 978-7-307-18543-2

Ⅰ．景…　Ⅱ．廖…　Ⅲ．景观设计—高等学校—教材　Ⅳ．TU986.2

中国版本图书馆 CIP 数据核字(2016)第 193654 号

责任编辑：黄汉平　　责任校对：李孟潇　　版式设计：马　佳

出版发行：**武汉大学出版社**　（430072　武昌　珞珈山）
（电子邮件：cbs22@whu.edu.cn 网址：www.wdp.com.cn）
印刷：湖北省荆州市今印印务有限公司
开本：787×1092　1/16　印张：9　字数：212 千字　插页：1
版次：2016 年 9 月第 1 版　　2016 年 9 月第 1 次印刷
ISBN 978-7-307-18543-2　　定价：32.00 元

前　言

在全球资源短缺、环境恶化和我国大力建设生态文明、美丽中国的背景下，景观设计迎来了发展的春天，其研究领域延伸至整个人居环境，其目标是建立符合生态环境良性循环规律的设计系统，其基本手段由注重物质空间设计，转向强调物质与非物质设计融合。与之对应的教学思想、课程体系、教学方法、教学手段也需要深入研究。在此背景下，本书应运而生。作者长期在景观设计教学和实践一线工作，积累了丰富的经验，本书是作者多年探索的结晶。

全书共分为七个部分：导论、景观设计的要素与组织、景观设计实践、景观设计教育、景观设计师的素养、景观设计评价以及学科展望。

导论部分阐明了景观设计的核心概念就是创造符合生态环境良性循环规律的设计系统。景观设计具有生态属性、文化属性和时代属性。景观设计相关研究内容包括城市设计、建筑设计、室内设计、公共艺术设计等部分。其理论基础涵盖人居环境科学、环境生态学、环境美学、环境心理学、人机工程学等。

第二章研究了景观设计的要素与组织。景观设计构成要素的分类是多种多样的，包括形式的、科学的、技术的、艺术的、社会的、历史的等许多方面，各要素之间相互统和，使得景观设计表现出极强的整体性。空间是景观设计的主角，从某种意义上具体现出人们的物质文明与精神文明的程度。空间设计的好坏会直接影响人们在所处空间的活动情况和精神状态。其中，形态和尺度是空间设计的基础和落脚点。空间形态和尺度的把握、空间的组织对环境气氛的营造、空间的整体形象都起着至关重要的作用。

第三和四章探讨了景观设计实践、教育。实践方面探讨了设计思考过程、成果表现形式以及设计程序。教育方面则研究了景观设计教学体系和教学方法，并对国外相近学科专业教育进行了分析。第五章则从专业素养和综合素养两方面明确了景观设计师需要具备的素养。

第六章分析了景观设计评价。景观设计评价指对景观设计过程中所涉及的诸多问题进行评价和判断。它以一定的价值观为基础，选择适宜的评价方法和模式，对景观设计作品、设计师的创作思想和实践进行鉴定和评价。从评价内容看，可以分为创新性评价、功能评价、视觉与美学评价、社会环境评价和可持续评价五个方面。

第七章对景观设计学科前景进行了展望。景观设计要逐渐走向系统化，注重生态学观念与方法的运用和地域特征的挖掘与文化表达，研究领域从城市景观延伸到乡村景观，以及关注场所再生与棕地景观化改造等方面。

本书部分资料与图片引自公开出版的书刊，谨向有关作者表示谢意，并向为本书提供文字、图片、照片等资料的教师和曾给予本书以关心和支持的编辑等相关人员表示感谢。

限于作者的水平，书中错误和不足之处在所难免，敬请各位读者不吝批评指正！

廖启鹏

2015 年 5 月 16 日于南望山

目　录

第一章　导　论

【本章要点】

1. 设计的定义。
2. 景观设计的定义。
3. 景观设计的属性。
4. 景观设计的内容。
5. 景观设计的理论基础。

【本章引言】

景观设计的核心概念就是创造符合生态环境良性循环规律的设计系统。景观设计以空间设计为基本手段，实现物质与非物质设计的融合，其研究领域延伸至整个人居环境。景观设计具有生态属性、文化属性和时代属性。其理论基础涵盖人居环境科学、环境生态学、环境美学、环境心理学、人机工程学等。

1.1　相关概念的界定

【本节引言】

本节在研究不同学者对于设计定义的基础上，总结出设计的定义及基本属性。阐明了景观设计是设计学领域中的重要组成部分。解析了景观设计的研究领域延伸至整个人居环境，其核心目标是建立符合生态环境良性循环规律的设计系统，空间设计是其基本手段，景观设计已从物质设计向物质与非物质设计融合的方向进行转变。

1.1.1　设计的含义

设计无处不在、无所不需。从小的物件到大的公共空间，从物质环境到非物质环境，从硬件到软件，从使用方式到生活方式，都离不开设计。随着人类文明的进步，设计已成为我们文明和文化的一部分，它既是文化和文明的产物，又创造着新文化和新文明。

《辞海》中对设计的解释："从广义来讲，几乎涵盖了人类有史以来一切文明创造活动，凡是抱着一定的目的，并以其实现为目标而建立的方案。从狭义来讲，意味着对构成艺术作品的各种构成要素组织成为一个可以实施并解决现实问题的创意过程。"王受之在《世界现代设计史》中谈道："设计，就是把一种计划、规划、设想、问题解决的方法，通过视觉的方式传达出来的活动过程。它的核心内容包含三个方面：1. 计划、构思的形成；2. 视觉的传达方式；3. 设计通过传达后的具体运用。"尹定邦对设计定义为：设想、运筹、计划与预算，是人类为实现某种特定目的而进行的创造性活动；德国乌尔姆造型学院利特教授认为，设计是规划的行动，是综合考虑和权衡行动相关内容的过程，包括考虑经济、社会、文化效果等；ICSID 前主席亚瑟·普洛斯（ArthurJ. Pulos）认为，设计是为满足人类物质需求和心理欲望，而进行的有想象力活动。

从这些不同领域学者的观点中，可以发现设计是非常宽泛的概念。综合来说，设计是一种为人类提供合理生活方式的创意过程，运用创造性思维解决人类在物质生产过程中的各种问题。设计具有功能性。设计作品是人类有意识地根据功能性和审美性创造出来的产物，设计活动是实用先于审美。设计是以他人的接受信息为归宿点，通过设计作品有规律、有秩序地解决现实生活中存在的问题；设计具有审美性。一方面设计创造了审美价值，这种特殊价值的产生机制是通过产品外在的形式美感，或在产品使用过程中所产生的情感认可与依恋；另一方面审美价值的实现有赖于设计。设计师以设计活动为载体，将精神财富和抽象审美价值转化为个人的精神力量，从而完成从创造审美价值到实现审美价值的飞跃，审美价值不是自在自为的，它依赖于设计的创造。设计具有伦理性。伦理道德作为整合社会思想观念及价值标准的思想导向，对于重新定位调整秩序化的人的关系有重要作用。设计伦理观念极大地深化了设计的思考层面，推动了设计观念的发展。在人类逐渐进入后工业社会的今天，人们对设计的要求也更加多样化。设计的目的不仅仅是为产品的功能、形式服务，更主要的意义在于设计行为本身包含着形成社会体系的因素。因此，设计包括对于社会的综合性思考，设计应该在可持续发展的原则下，使产品与客观世界、产品与人之间的关系得到协调。

1.1.2　景观设计的含义

1.1.2.1　研究领域延伸至整个人居环境

在世界设计学领域中，日本的环境生态意识觉醒较早，这与其狭小的国土、匮乏的资源、相对拥挤的人口有着直接的关系。随着环境意识增强，国内学术界在20世纪80年代初期提出了景观设计的概念，其研究范围拓展到建筑内外景观、城市景观，进而延伸到整个人居环境。具有整体环境观的景观设计，立足设计学科平台，融合多学科，体现了系统性和综合性的特点。

1.1.2.2　以建立符合生态环境良性循环规律的设计系统为目标

在全球资源约束趋紧、环境污染严重、生态系统退化、工业文明向生态文明转变的形势下，人类的功能需要、形式追求、经济利益和人文倾向等都不能突破生态承载力的底线。因此，景观设计的核心理念是对生态系统运行规律的深刻理解、对自然美学价值的充分尊重和保护。该理念面向生态文明建设，体现了建设资源节约型、环境友好型社会的时代要求，是对物欲主义奢华设计观念的批判，不仅适用于景观设计，也适用于其他设计。

1.1.2.3　以空间设计为基本手段，实现物质与非物质设计融合

不同时代、民族、地域的生活方式、文化风俗、精神意念和审美理想必然物化在空间中。景观设计作为人类的一项建设活动，是以构建人类生存空间为目的，运用艺术和技术手段，在准确把握空间尺度的基础上，组织空间要素，设计空间形态，协调自然、人工、社会三类环境之间的关系。景观设计不仅是物质空间的设计，也注重社会、文化、经济、心理、行为、互动体验、设计管理、公众参与等非物质因素的研究。

1.2 景观设计的属性

【本节引言】

生态属性是景观设计之本。在建设生态文明的背景下，突出景观设计的生态属性，是景观设计发展到今天的必然趋势，是工业革命以来，全球性的资源短缺、人口膨胀、环境污染等矛盾所激发的结果；文化属性是景观设计之魂。在景观设计过程中要倡导多元宽容精神。坚守民族文化精神，积极发掘民族文化资源，将民族文化传统中的优秀成分，转化成在当代具有全球意义的文化价值资源，进而对世界文化做出独特的贡献。时代属性是景观设计之根。每一时代都有自己时代的文化和艺术，在当代，多元化的发展趋势已是景观设计中不可避免的选择。景观设计应扎根于时代，时代精神是最具生命力的，支配着多元化的发展方向。

1.2.1 生态属性

工业革命以来，城市化进程的加快和以经济利益为主要价值取向的城市建设极大地促进了城市发展，但是也加剧了人与自然关系的对立，致使城市环境问题突出，生态环境日趋恶化。在生态文明到来的今天，生态系统的平衡有序是人们关注的重点，人与自然的矛盾关系，也必然成为景观设计探讨的焦点。生态危机的爆发、资源与环境的压力、生态文明的文化浪潮以及景观设计自我完善的发展要求等，都促使我们思考如何在景观设计的领域内，为缓解生态环境危机作出贡献。突出景观设计的生态属性，是景观设计发展到今天的必然趋势，它不是单纯的学术思潮的流变，而是源于对人类生存状况的担忧，是工业革命以来，全球性的资源短缺、人口膨胀、环境污染等矛盾所激发的结果。

传统的景观设计以追求审美情趣、表达艺术性为价值取向，局限在唯美、唯艺术的范畴内，局限在种花种草、装点环境的美化设计中，忽视了景观设计的生态属性，忽略了对自然环境、人工环境和社会环境的整合。在设计方法上定性的内容明显要多于定量的成分。缺少科学技术手段的方法策略，在很大程度上阻碍了景观设计的快速发展。产生于20世纪初的城市生态学，为景观设计提供了平衡自然、经济、社会三个生态子系统之间关系的调控法；诞生于20世纪30年代的景观生态学，为综合解决资源与环境问题，全面开展生态建设与保护提供了新的理论和方法。此外，环境生态学、环境工程学、植物学、森林生态学、湿地生态学、海洋生态学、城市生态学等环境生态方面的学科理论也为现代景观设计带来了不同专业特点的方法论和生态技术手段。特别是麦克哈格“设计结合自然”的生态分析方法、西蒙兹大地景观的生态设计方法，为景观设计方法突破装点环境、超越感性、经验化的设计方法提供了技术支持。现代生态学原理以及多种环境评价体系，为景观设计的定性方法补充了量化的控制手段，在感性认识的基础上加入了理性的逻辑分析，将经验式的设计方法纳入系统化的方法体中，使景观设计的研究与设计实践活动更具科学性（图1-1）。

生态学及其相关学科在丰富了景观设计的方法论、技术手段，拓展了景观设计的研究范畴的同时，也使环境之美的内涵得到扩展和丰富。在生态文明价值观的指导下，人们开

图 1-1 美国西雅图奥林匹克雕塑公园

始重新确立健康的生存观，逐渐认识到生命与美相互依存，理解良好的生态环境是环境美的必要载体，为现代景观设计带来了超越外表层次、纯艺术美感的崭新的美学标准。例如，获得美国景观师协会大奖（ASLA）的西班牙 DeCreus 海角景观修复设计项目中，拆除了对环境有很大破坏的地中海俱乐部的 430 幢房屋，对 45000 立方米的建筑垃圾进行了处理和再利用，清除入侵的外来植物，使其生态系统得到恢复（图 1-2）。

1.2.2 文化属性

文化是人类社会特有的现象，没有文化就没有社会。罗森塔尔·尤金在《哲学小辞典》中认为文化“是人类在社会历史实践过程中创造的物质财富和精神财富的总和”，这就是所谓“广义文化”，而与之相对的“狭义文化”则专指精神文化而言，即社会意识形态以及与之相适应的典章制度、政治和社会组织、风俗习惯、学术思想、宗教信仰、文学艺术等。从文化哲学的视角来看，文化是有层次的，从外向内，大体可分为物质文化层、制度文化层、行为文化层和精神文化层。

景观设计的文化属性贯穿在横向的区域、民族关系和纵向的历史、时代关系两个坐标之中。从横向上来说，不同地区、不同民族的相异的宗教信仰、伦理道德、风俗习惯、生活方式决定着不同的环境特征；从纵向上来说，同一地区、同一民族在不同历史时代，由于生产力水平、科学技术、社会制度的不同，也必然形成不同的环境特色。

图 1-2　ASLA 综合设计奖——西班牙加泰罗尼亚 De Creus 海角景观修复设计

当今全球化的浪潮席卷世界各地，本土文化受到严重冲击，我们的环境特别是城市环境更像是“沙漠地带”，千城一面，地域特色逐渐丧失。在景观设计过程中要倡导多元宽容精神。坚守民族文化精神，积极发掘民族文化资源。从文化个性培育的视角要求，就是如何将民族文化传统中的优秀成分，转化成在当代具有全球意义的文化价值资源，进而对世界文化做出独特的贡献（图 1-3）。

图 1-3　2008 年 ASLA 住区设计奖——北京香山 81 号院

1.2.3 时代属性

景观设计的发展史，是人类文明发展史的一个缩影。景观设计的发展脱离不了人类社会的发展，它深深地烙上了社会文化和历史的印迹。任何一个民族文化的历史特征，总要淋漓尽致地表现在那个时代的景观设计中，人类文明总是在继承中变革，在变革中延续，在新陈代谢中成长。在现存的人类生存环境中，必然积淀着具有历史传统特色的文化，新旧文化在环境中共同存在，一同发展，形成环境的时空连续性，使历史与未来相联结。

每一时代都有自己时代的文化和艺术特点，在当代，多元化的发展趋势已是景观设计中不可避免的选择。多种流派和风格共存已成为必然。但是，这些风格、流派的共存并不是毫无条件，毫无差异的，其中必定蕴藏着一种潜在的、最具生命力的、起支配作用的东西，这就是时代精神，时代精神支配着多元化的发展方向。

亘古通今，在大浪淘沙后，奉为经典的景观设计作品都是切实地解决当代的问题，满足当代的需要，充分地运用当代的材料和技术，不断地探索提高人们精神文化需求的方法，发展新的艺术语言和表现形式（图 1-4）。

图 1-4 上海新天地

1.3 景观设计及相关领域

【本节引言】

景观设计的相关领域涵盖整个人居环境，跨越宏观尺度的城市空间和微观尺度的建筑空间。其相关领域包括城市设计、建筑设计、室内设计、公共艺术设计等内容。

1.3.1 景观设计

景观设计是关于土地的分析、规划、设计、管理、保护和恢复的科学和艺术。它是多学科集合的交叉型学科，是一门复杂的系统工程，也是艺术与科学有效结合的产物。景观设计主要包含规划和空间设计两个环节。

规划环节（图 1-5）指的是大规模、大尺度景观的把握，具有五项内容：场地规划、土地规划、控制性规划和环境规划。场地规划的内容是通过建筑、交通、景观、地形、水体、植被等诸多因素的组织和精确规划使某一块基地满足人类使用要求，并具有良好的发展趋势；土地规划相对而言其主要工作是规划土地大规模的发展建设，包括土地划分、土地分析、土地经济社会政策，以及生态、技术上的发展规划和可行性研究；控制规划的主要内容是处理土地保护、使用与发展的关系，包括景观地质、开放空间系统、公共游憩系统、给排水系统、交通系统等诸多单元之间关系的控制；环境规划的主要工作是对某一区域内自然系统的规划设计和环境保护，目的在于维持自然系统的承载力和可持续性发展的能力。

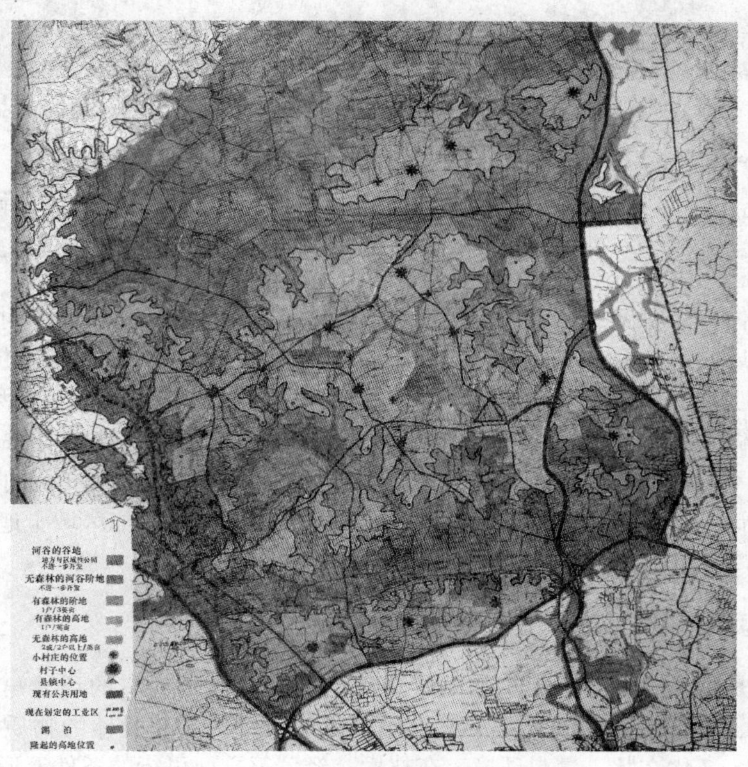

图 1-5　美国沃辛顿河谷地区景观规划设计

空间设计（图 1-6）是指基于环境美学的基础之上，对城市居民户外生活环境进行的设计。主要要素包括地形、水体、植被、建筑及构筑物、公共艺术品等。主要设计对象是城市开放空间，包括广场、步行街、居住区环境、城市街头绿地以及城市滨水空间等，其目的是不但要满足人类生活功能上、生理健康上的要求，还要不断地提高人类生活的品质，丰富人的心理体验和精神追求。

图 1-6 本杰明纪念园设计（The Walter Benjamin Memorial in Portbou）

1.3.2 城市设计

不列颠百科全书中关于城市设计的定义是：为达到人类的社会、经济、审美或者技术等目标而在形体方面所做的构思，它涉及城市环境可能采取的形体。就其对象而言，城市设计包括三个层次的内容：一是工程项目的设计，是指在某一特定地段上的形体创造，有确定的委托业主，有具体的设计任务及预定的完成日期，城市设计对这种形体相关的主要方面完全可以做到有效控制；二是系统设计，即考虑一系列在功能上有联系的项目的形体，但它们并不构成一个完整的环境，如公路网、照明系统、标准化的路标系统等；三是城市或区域设计，这包括了多重业主，设计任务有时并不明确，如区域土地利用政策、新城建设（图 1-7）、旧区更新改造保护等设计（图 1-8）。

1.3.3 建筑设计

建筑设计是指为满足特定建筑物的建造目的（包括人们对它的环境角色的要求、使用功能的要求、对它的视觉感受的要求）而进行的设计，它使具体的物质材料依其在所建位置的历史、文化文脉、景观环境，在技术、经济等方面可行的条件下形成能够成为审美对象或具有象征意义的产物。它包括了建筑行为中一切具有功能及意义之设计，也是建筑由构思到完成之间设计者的心智活动及表现的总结。建筑的种类丰富多样，建筑设计的类型也各异。主要包括（1）生产性建筑，包括供工业生产用的各种工业建筑和供农业生产用的各种农业建筑；（2）民用建筑，包括居住建筑和公共建筑。居住建筑是供人们进

图 1-7　九江新区城市设计

图 1-8　深圳蛇口太子湾城市设计

行居住生活用的建筑，主要是各种住宅。公共建筑是供人们进行公共活动的各种文化、娱乐、交通、生活福利建筑等，如文教建筑（图 1-9）、医疗建筑、观演建筑、体育建筑、交通建筑（图 1-10）、行政建筑、商业建筑、展览建筑、服务性建筑、纪念性建筑。

图 1-9　澳大利亚悉尼歌剧院

图 1-10　芬兰赫尔辛基中央火车站

1.3.4　室内设计

室内设计又称建筑内部空间设计，是根据建筑的使用性质、所处的环境特性和经济投入，运用物质技术手段和美学原理，以人们的需求为中心，创造功能合理、舒适美观、满足人们物质和精神双重需求的空间环境。室内设计是一门综合的设计，是艺术与技术的结合，既与美学、心理学、社会学、民俗学等多个学科关系密切，又与建筑、结构、照明、空调、供暖、给排水、消防等多个专业系统相融合。一般来说，室内设计是根据建筑内部空间将容纳的活动、使用功能和所服务的对象特性进行分类的，大致可以划分为以下类型：（1）居住类建筑空间，包括私人住宅（图 1-11）、集体公寓；（2）公共类建筑空间，包括办公、商业（图 1-12）、餐饮、娱乐、教育、展示、运动、交通、医疗、生产等空间。

图 1-11　英国设计师凯丽·赫本的住宅室内设计

室内设计的主要内容包括：功能区域划分与流线分布，空间形态、尺度和组合方式设定，空间物理环境营造和界面配置，室内家具、陈设和绿化选择。

1.3.5　公共艺术设计

公共艺术设计是指以人为核心，以城市公共传播、公共环境、公共设施、公共艺术为主要对象，运用综合现代设计手段，创造生活空间美、生活方式美和信息传情达意的设计行为。公共艺术设计，一方面，在城市建设和传播媒介中，调节高科技和高情感平衡的关系；另一方面，在保证功能合理、结构科学、形式优美、满足人类情感需求（图 1-13）的基础上，提高人们的审美意识和生活情趣，提升人与信息交流互动的格调与品质（图 1-14），进而创造生活的理想境界和理想的现实生活，促进城市精神风貌的积极向上，促成社会获得自觉的优化环境，美化生活和创造美好明天的机制，使人类自身发展得以完善。

图 1-12 迪拜阿玛尼酒店室内空间

图 1-13 罗马许愿池

图 1-14　联合国大厦前雕塑

表 1-1　景观设计及其相关学科的组成

景观设计	景观设计是关于土地的分析、规划、设计、管理、保护和恢复的科学和艺术	居住区景观设计
		城市街道广场景观设计
		滨水空间景观设计
		城市公园景观设计
		风景名胜区（含地质公园、矿山公园）规划设计
城市设计	为达到人类的社会、经济、审美或者技术等目标而在形体方面所做的构思，它涉及城市环境可能采取的形体	城市交通与道路规划设计
		居住区规划设计
		城市公共空间设计
		城市历史文化遗产保护
		城市绿地系统规划
建筑设计	为满足特定建筑物的建造目的（包括人们对它的环境角色的要求、使用功能的要求、对它的视觉感受的要求）而进行的设计	生产性建筑设计
		民用建筑设计
室内设计	根据建筑的使用性质、所处的环境特性和经济投入，运用物质技术手段和美学原理，以人们的需求为中心，创造功能合理、舒适美观、满足人们物质和精神双重需求的空间环境	居住空间设计
		工作空间设计
		展示空间设计
		公共空间设计

续表

公共艺术设计	以人为核心，以城市公共传播、公共环境、公共设施、公共艺术为主要对象，运用综合现代设计手段，创造生活空间美、生活方式美和信息传情达意的设计行为	公共艺术品
		市政设施设计

1.4 景观设计的理论基础

【本节引言】

景观设计以艺术和科学的手段协调自然、人工、社会三类环境之间的关系，具有系统性和多学科综合性的特点。其理论基础分为艺术、工程技术和人文三大类，本书不连篇累牍，仅介绍具有代表性的理论。人居环境科学是以人居环境为研究对象，是景观设计重要的理论基础和思想源泉；环境生态学和环境美学为景观设计提供了生态技术和新的价值观；环境心理学和人机工程学则研究了人的心理、行为与环境及其中的设施之间的关系，增强了景观设计的可操作性。

1.4.1 人居环境科学

人居环境，即人类聚居生活的地方，是与人类生存活动密切相关的地表空间，它是人类在大自然中赖以生存的基地，是人类利用自然，改造自然的主要场所。按照对人类生存活动的功能作用和影响程度的高低，在空间上，人居环境又可以再分为生态绿地系统与人工建筑系统两大部分。人居环境的组成可以概括为五大系统，即：自然系统、人类系统、社会系统、居住系统和支撑系统。其中，人类系统和自然系统是构成人居环境主体的两个基本系统，居住和支撑系统则是组成满足人类聚居要求的基础条件。一个良好的人居环境的取得，不能只着眼于它的部分的建设，而且要实现整体的完整，既要面向“生物的人”，达到“生态环境的满足”，还要面向“社会的人”，达到“人文环境的满足”。

人居环境科学是以人居环境为研究对象，围绕人居环境建设在地区开发中出现的诸多问题，进行包括自然科学、技术科学和人文科学等在内的多学科研究的科学群体。人居环境科学学科体系的主导专业是建筑、城市规划、风景园林和景观设计，它们的共同目标是要创造宜人的人居环境。

1.4.2 环境生态学

环境生态学是一门新兴的渗透性很强的边缘学科。它是研究在人为干扰下，生态系统内在的变化机理、规律和对人类的反作用（图 1-15），寻求受损生态系统恢复、重建和保护对策，进行生态经济规划与风险评价的科学。即运用生态学理论，阐明人与环境间的相互作用关系及解决环境问题的生态途径（图 1-16）。

在建设生态文明的今天，人类的功能需要、形式追求、经济利益和人文倾向等都不能

图 1-15　沈阳建筑大学稻田校园

图 1-16　上海世博后滩公园

突破生态承载力的底线。景观设计专业日益强调生态价值取向，对生态系统运行规律的深刻理解和对自然美学价值的充分尊重应该是景观设计人才的必修课。因此在设计的过程中需要带着环境生态学的眼光来看待设计对象，在设计过程中运用环境生态学的原理和方法来认识、分析和研究问题。

1.4.3 环境美学

20世纪60年代开始，由于环境质量的不断恶化以及生态危机的愈演愈烈，在西方国家掀起了日益高涨的环境运动。环境的审美价值逐渐凸显，环境不仅具有经济价值、政治价值、生产价值等，还具有审美价值。环境美学是多个学科共同关注的领域。这种关注首先从美学、景观设计、哲学和人类科学等交叉学科开始，进而涉及领域包括文化人类学、建筑学、城乡规划学、人文地理学和心理学等。

环境美学主要研究环境美的形成、环境于人的意义、人类理想的环境状况、人类在环境中的审美活动和审美体验等。自然环境、农业环境与城市环境是环境美学研究的三种主要的人类生存环境（图1-17）。自然是人类生存环境的基础。农业生产是对自然的模仿，因此，农业环境是准人工的自然环境；城市则是完全的人工环境。在城市，自然被排挤出去或只是作有限的点缀。后工业社会诞生的园林城市则是人工与自然相统一的环境。尽管园林城市也属于城市类型，但它实现了环境的自然性与人工性的和谐以及人性内在结构中自然性与文化性的统一，因而是适宜人类居住的理想生存环境。

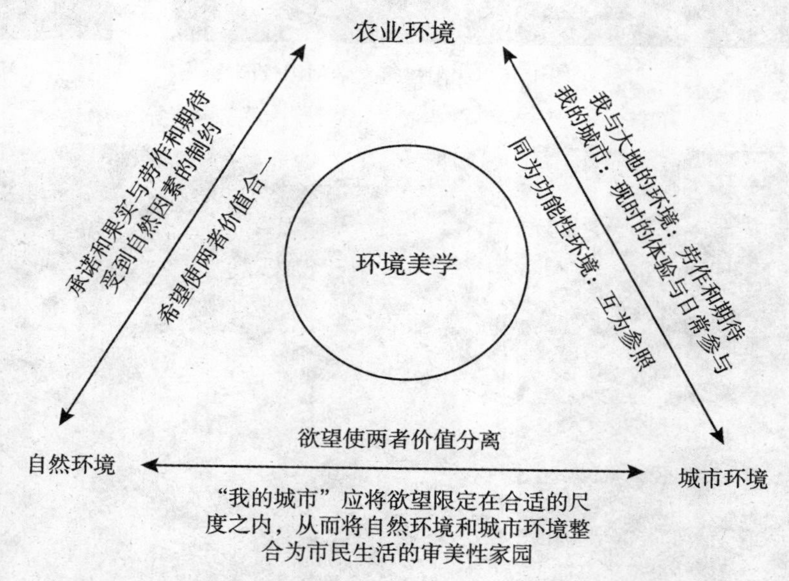

图1-17 环境美学中自然环境、农业环境与城市环境的关系

正确认识环境美学研究中的一些重要关系对于景观设计具有重要意义：

1.4.3.1 关系之一：对人与自然的关系的重新思考

在传统关于人与自然关系的思考中，人与自然被看做是对立的关系。人们只是把自然作为一种资源，一种物质化的对象，可以为我所用，并给人类带来经济价值。人们常常只看到了环境有用性的一面，而忽略了经济价值以外的其他的价值。在这种观念的支配下，造成两方面的后果：即一方面生产发展了，经济进步了，但同时也带来了严重的负面作用，这就是对环境造成了严重破坏。

环境美学把环境作为一个整体来看待，认为环境质量的好坏与人类的幸福息息相关。不仅看到当代的利益，更看到人类社会长久的发展。主张我们当代人为了留给后代一个美好的环境甚至可以遏制和牺牲一定的经济利益。这种整体的环境观势必主张经济功能、生态功能和审美功能的统一。这种新的发展观必然是可持续的发展观和科学的发展观，是我们社会未来的发展方向。

1.4.3.2 关系之二：正确认识环境美学中科技与审美的关系

科技在现代社会中扮演了重要角色，科技的广泛应用给现代社会各个方面都带来重要的改变。人类利用现代科技，大大加速了对环境的影响，影响的程度和深度都超过了历史上的任何时代。我们不可否认同时也不能低估现代科技对环境的重要影响。一方面，科技对环境问题的解决有其有利的一面，如利用高科技可以有效地对环境进行监测；利用高科技可以更合理地组织生产，降低对原材料的消耗；利用高科技可以更好地对垃圾进行降解和处置等。但另一方面，科技的发展也给环境带来了许多负面的影响，如化肥和农药的大量使用对环境造成了严重损害，并且这种损害是长期的；科技能够使生产力迅速提高，生产能力大大增强，但常常会造成过量消费和大量的垃圾等。我们不仅利用科技，而且会善用科技是我们前进的方向。如何使科技具有人文关怀，如何使科技绿色指向是一个重要的问题。在对环境的改造和建设中，充分结合进去科技和审美方面的考虑至关重要（图 1-18）。例如，为了防止不必要的土地开发，英国建立了绿化带。通过栖身地下这种方式，萨里五星级酒店满足了有关城市发展的限制条件。此外，这一设计也同样能够降低对交通流量的影响。由于地上建筑栖身于现有林地之内，附近当地居民的视野不会受到影响，可以尽情欣赏那不可触摸的自然景色。

1.4.4 环境心理学

环境心理学这一名称是纽约的研究者普洛尚斯基（Proshansky）、伊特尔森（Ittelson）等首先提出的。研究包括物质环境和人类行为两方面的因素，涉及多门学科，涵盖生理学、心理学、社会学、设计学、建筑学、城市规划、环境保护、人文地理学、文化人类学、生态学等多门学科。正是这一多学科的性质使它具有多种名称：建筑心理学、景观设计研究、环境与行为、人-环境研究等。

在以人为本的理念下，设计越来越注重对人的心理感受、行为特点的研究，主要从人的感觉、知觉与认知等心理学范畴出发并结合人在环境中的知觉理论来重新认识场所的特性。从而形成了环境心理学的六种理论框架，即唤醒理论、环境负荷理论、应激与适应理论、私密性调节理论、生态心理学和行为情景理论、交换理论。这些基础理论研究的发展与成熟，对于拓展景观设计的思路，增加景观设计的可操作性是大有裨益的。例如，环境心理学、犯罪学与景观设计结合起来发展成了景观设计预防犯罪（CPTED），即通过景观设计的手段消除犯罪发生的物质条件，起到减少犯罪的目的，如位于韩国首尔市麻浦区盐里洞的狭窄胡同“盐路”直到 2012 年还是一个各种性犯罪频发的地方。这里女性和老人居多，再加上道路又旧又窄，在白天也鲜有人气。此外，这里也未安装监控设备（CCTV）。首尔市在此地引进了通过景观设计预防犯罪（CPTED）的做法，通过连接犯罪

图 1-18 英国萨里地下绿化带酒店

频发区域，打造出了一条叫做“盐路”的散步小路。在灰色的阴暗胡同里引入亮色，将此地的 6 所房子的大门漆成黄色，作为“守护盐路之家”（图 1-19），人们在感到犯罪威胁时可以到这些家庭寻求帮助。从前原本每年都会发生 10 余起性犯罪，但在 2012 年 10 月实施该景观设计项目以后再未发生过相关案件。

1.4.5 人机工程学

人机工程学是研究人在某种工作环境中的解剖学、生理学和心理学等方面的各种因素；研究人和机器及环境的相互作用；研究在工作中、家庭生活中和休假时怎样统一考虑工作效率、人的健康、安全和舒适等问题的学科。人机工程学里面所说的“机”或“机器”是广义的，泛指一切人造器物，也包括室内外人工建筑、环境及其中的设施等。

人机工程学是一门应用性较强的技术性科学，该学科具有明显的交叉性与综合性，从总体上来看，人机工程学的理论知识体系可以看成是“人体科学”、“技术科学”与“环境科学”之间的有机融合（图 1-20）。

人体科学范畴内与人机工程学关系较为密切的包括心理学、生理学、解剖学、人体测量学、人体生物力学等学科。例如，心理学研究人的“心理因素”，即研究人对信息的接收、储存、加工，以及在此基础上如何做出决定和执行决定等问题。这为人机工程学全面考虑“人的因素”，从而对人机系统的设计、使用提供更全面的依据。解剖学提供了人的肢体所能发挥的力量及肌肉关节等的动作限度的资料，这将有助于人机系统的设计。生理学研究人体各方面的机能和效率。人机学常常应用它们的研究结果来提高人机系统设计的

图 1-19 首尔通过景观设计预防犯罪案例：守护盐路之家

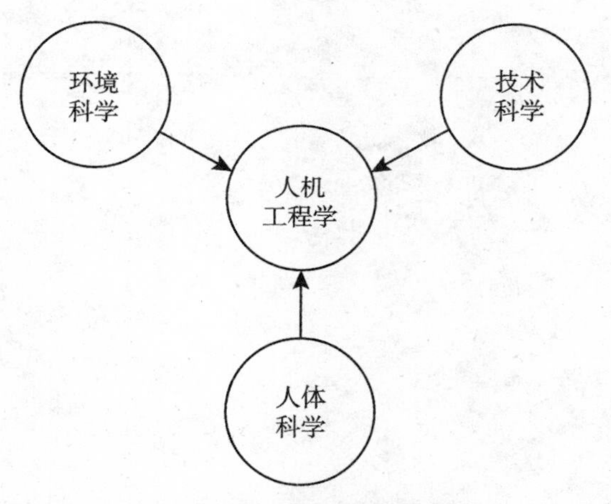

图 1-20 人机工程学学科体系

质量。

环境科学为研究人与环境的关系提供了支撑。例如，环境卫生学与保护学研究人与环境之间的辩证统一关系、环境与机体的相互作用、人对环境有害因素反应的特征，以创造良好的工作环境和保证人体正常的生理活动，全面达到提高人机系统的工作效率的目的。

对环境中的色彩设计、噪声、温度、照明、湿度等方面的研究更有利于人在工作生活环境中的身心健康、舒适、安全、高效，从而实现最佳的人—机—环境系统效能。

技术学科研究的往往是工程技术设计的具体内容和方法，人机工程学所要解决的不是这些设计中的具体技术问题，而是工程设计如何才能适合于人的使用的问题，并从这个角度出发，向设计人员提供必要的参数和要求，使设计更加合理，更适合于人的生理和心理要求。

人机工程学是景观设计重要的理论基础，它综合体现在景观设计的目标、意义和方法上，并且，由于其依据直接来自人体的参照尺度，使得这门学科具备很强的可操作性。

【本章思考题】

1. 什么是设计，设计的属性有哪些?
2. 什么是景观设计，它的属性有哪些?
3. 景观设计的内容有哪些?
4. 景观设计如何纳入人居环境科学理论体系中?

第二章　景观设计的要素与组织

【本章要点】

1. 景观设计的要素。
2. 景观设计的空间形态。
3. 景观设计的空间尺度。
4. 景观设计的空间组织。

【本章引言】

景观设计的构成要素的分类是多种多样的，包括形式的、科学的、技术的、艺术的、社会的、历史的许多方面，各要素之间相互统和，使得景观设计表现出极强的整体性。空间是景观设计的主角，其设计的好坏会直接影响人们在所处空间的活动情况和精神状态。其中，形态和尺度是环境空间设计的基础和落脚点。空间形态和尺度的把握、空间的组织对环境气氛营造、空间的整体形象都起着至关重要的作用。

2.1　景观设计的要素

【本节引言】

景观设计要素的分类方式是多种多样的，本文按基本要素和感知要素分类，归纳了以下景观设计要素。需要指出的是，除了这些要素，人也是景观设计中的核心要素，应与其他要素协调统一与整合，共同组成环境艺术的整体。

2.1.1　基本要素

景观设计的基本要素包括地形地貌、水、植物、铺地、小品、光影。

2.1.1.1　地形地貌

地形地貌是景观设计最基本的场地和基础。在自然环境中，往往因为地形的起伏，形成平原、丘陵、山峰、盆地等地貌。地形地貌总体上分为山地和平原。进一步可以划分为盆地、丘陵，局部可以分为凹地、凸地等。在景观设计时，要充分利用原有的地形地貌，考虑生态学的观点，营造符合当地生态环境的自然景观，减少对环境的干扰和破坏。同时，可以减少土石方的开挖量，节约经济成本。因此，充分考虑地形、地貌特点，是安排布置好其他环境元素的基础（图 2-1）。

但是在景观设计中又不能只局限于原有现状，面对独特的自然资源，应在此基础上，充分发挥艺术的创造力去维持景观的生命力，根据自然环境形象去强化这种特征，因势利导，因势随机，遇坡堆山，逢沟开河，干壑引水，疏浚水系网络——这种无风起波、有风

图 2-1　自然山脉

起浪、无中生有、推波助澜的创作思想可令自然地理风貌保持鲜明特色。例如，位于甘肃省河西走廊西端的敦煌市的月牙泉景区，独具特色的大漠风光稍加人工改造便成了人人向往的地方（图 2-2）。

2.1.1.2　水

水体是环境中最主要的元素之一。水体可以表现出博大、壮丽、灵动等不同的感受。一座城市因山而显势，存水而生灵气。水在景观设计中具有重要的作用，同时还具有净化空气，调节局部小气候的功能。水体根据水型、水势等有不同分类。

按水型可分为自然型和规则型：

自然型水体包括自然中的水体和人工模仿自然制造的水体，水型轮廓自由、随意，能给人轻松活泼的感觉。自然型水体虽以追求自然为美，但仍需要人工的提炼加工。这种水体常用于公园景观、居住区景观和旅游区景观（图 2-3）。

规则型则是把水景做成几何规则形状，比如圆形、方形以及其他复合型等。规则型具有简练、大气的效果，能把几何轮廓的力度美和水体的柔美很好地统一起来。规则型水景具有现代气息，容易与城市中其他景观元素相结合，所以多用于城市广场、商业街等空间（图 2-4）。

图 2-2 月牙泉景区

图 2-3 自然型水体

图 2-4　九江永修市民广场

按水势可分为静态水和动态水：

静态水指水面平静、无流动感或者是运动变换比较平缓的水体。适用于地形平坦、无明显高差变化的环境，具有柔美、静逸之感。静水一般面积不大，设计时要充分考虑水面倒影的效果。大面积的静水切忌空而无物、过于平淡，要与其他元素结合起来设置（图 2-5）。

图 2-5　国家大剧院水景

动态水指运动的水体，可细分为流动型、跌落型和喷涌型水体。动水有活泼、灵动之感，应用非常广泛。其主要形式有：流水、跌水、喷泉、瀑布等。

流水：指地面有一定坡度，水体顺势而流，多数为溪流形式。流水的特点是水量较小，流速较慢。

跌水：指水体从高水面流向低水面呈台阶状跌落的形式。跌水台阶有高有低，层次有多有少，有各种丰富多彩的跌水类型。但是跌水要借助地形的高差变化和跌水构筑物形成，在设计时要充分考虑原有地形的特点，以此来决定跌水的形式、尺度、流向等。跌水具有一定的高差变化，水势有明显的方向性，能大大增加空间的层次感和趣味性（图2-6）。平坦地形可以借助跌水构筑物制造跌水效果；起伏地形要借势造水，起伏较大的跌水就变成瀑布的形式。此外，在跌水设计中要使其布置和空间功能吻合，不能只重视跌水本身的造型，而不重视其作用的发挥。例如，可以在跌水跌落的下方设置硬地广场供人停留、休憩，同时也可提供最佳的欣赏角度。

图 2-6 跌水效果

喷泉：指将水通过一定的压力处理，由喷头喷洒出来，并具有特定形状的水体造型。喷泉可根据现场地形条件，仿照天然水景制作而成，如壁泉、溪流、瀑布、水帘等。也有的喷泉完全依靠喷泉设备，人工造景，如音乐喷泉、游乐喷泉、激光水幕电影等。喷泉按构造形式可分为水喷泉和旱喷泉。水喷泉指把喷泉设备隐藏在水下，将喷头置于水面，水喷泉配合静水面使用，可以单独设置，也可以成组设置；旱喷泉指将水池和喷头均隐藏于地下，表面是平整的硬质铺装，在不喷的时候不影响景观效果和人流穿行（图2-7）。

2.1.1.3 植物

植物是景观设计的要素之一。植物素材包括草坪、灌木和各种大、小乔木等。植物的功能包括视觉功能和非视觉功能。非视觉功能指植被改善气候、保护物种的功能；视觉功

图 2-7 旱喷泉

能指界定空间、遮景、提供私密性空间等，简言之，即空间造型功能。巧妙合理地运用不同植被不仅可以成功营造出人们熟悉喜欢的各种空间，还可以改善局部气候环境，使人们能在舒适愉悦的环境里完成交谈、驻足聊天、照看小孩等活动。

具体而言，植物空间造型功能包括：

分隔联系，限定空间。由植物的枝、干、叶交织成的网络，如果稠密到一定程度便可形成一种界面，利用它可起限定空间的作用。比起墙面所形成的明确、密实的界面，植物提供的是稀疏透漏的屏障，光线、视线可以不同程度得到间接的控制。利用植物构成的基本空间形式有：开敞空间、半开敞空间、封闭空间、垂直空间、覆盖空间等（图 2-8）。

图 2-8 利用植物构成的基本空间形式

丰富空间层次。植物在对水平、竖向空间的分隔联系的同时，形成有层次的空间，如大乔木在前、小灌木在后，拉长景深，使空间显得悠远。植物通过其自身以及构成空间，可以形成很好的空间、视觉和心理的过渡，选择性地引导和阻止空间序列的视线，有效地“缩小”空间和“扩大”空间。

隐蔽围墙，丰富视景。植物在协调其他构成要素时，可以起到障景、漏景、框景等作用。

拓展空间，强化视感。通常利用植物和地形要素相互配合，不但可以共同构成空间轮廓，这种影响随着季节、植物生长状态的不同而发生着不同的变化。

植物的可变性对空间视觉感的影响。植物区别于其他要素中最重要的就是它的生命性，植物随季节和生长不停地改变其本身的各种视觉特征的同时，使得其构成的空间也随之发生变化。

此外，需要注意的是，在景观设计中与道路、广场有关的绿化形式有中心绿岛、回车岛、行道树、花钵、花坛、树阵、两侧绿化等。车行道路的绿化布置要符合行车视距、转弯半径等要求，特别是不要沿路边种植浓密树丛，以防行人穿行时刹车不及。还应注意要考虑把“绿”引申到道路、广场，可使用点状路面，如旱汀步间隔铺砌；或使用空心砌块，如植草砖，做到相互交叉渗透。

2.1.1.4　铺地

铺地在营造环境空间的整体形象上具有极为重要的影响。在进行地面铺装时，应该既富于艺术性，又满足生态要求，同时更加人性化，给人以美好的感受，以达到最佳的效果。根据铺装的材质的不同，可将地面铺装分为沥青路面、混凝土路面、卵石嵌砌路面、砖砌铺装、石材铺装、预制砌块等。沥青路面和混凝土路面多用于城市道路、国道；卵石嵌砌路面多用于各种公园、广场；而砖砌铺装常用于城市道路、小区道路的人行道、广场等。地面铺装具有承载作用、引导性、界定空间、营造场所氛围等四大基本功能。

承载作用。首先铺地设计是为了行走的方便，铺装应具有足够的强度和适宜的刚度，良好的稳定性，较小的温度收缩变形。其次，铺地能带来舒适的行走空间，因此雨天排水的处理和路面的坡度的设置都很重要。

引导性。即通过布局和图案组织人、车行交通流线，引导交通视线。例如，与周围物体截然不同的带状铺装地面，能有形地将各个不同空间连接在一起，引导行人穿越一个个空间序列。

界定空间。不同色彩、质感、图案形式的铺地，给人不同的心理感受，反映空间的不同形式与功能。因此在空间设计中常常通过变化铺地来使行人辨认和区别出运动、休息、入座、聚集及焦点等标志（图 2-9）。

营造场所氛围。铺地能够创造优美的地面景观，给人美的享受，增强艺术效果，创造生活情趣。例如，在广场、商业步行街入口处或适中的位置设置一块有特色的铺装能对该地区环境的整体性起控制作用。

铺地的设计手法常表现为构图，即在满足使用功能的前提下，常常采用线性、流行性、拼图、色彩、材质搭配等手法为使用者提供活动的场所或者引导行人通达某个既定的地点。

图 2-9　宇宙思考花园

此外，在铺砌时应注意，广场内同一空间，道路同一走向，用一种式样的铺装较好。这样几个不同地方不同的铺砌，组成一个整体，达到统一中求变化的目的。实际上，这是以景观道路的铺装来表达道路的不同性质、用途和区域。一种类型铺装内，可用不同大小、材质和拼装方式的块料来组成。例如，主要干道、交通性强的地方，要牢固、平坦、防滑、耐磨，线条简洁大方，便于施工和管理。

2.1.1.5　小品

小品主要指各种材质的公共艺术雕塑或者艺术化的公共设施，如垃圾箱、座椅、公用电话、指示牌、路标等。它们作为城市环境中的小元素是不太引人注意的，但是事实上却是城市生活中不可或缺的设施，是城市整体环境的一部分，也是城市环境营造中不容忽视的环节，所以又被称为城市家具（urban furniture）或设施景观。这些小品的位置、体量、材质、色彩等，都对环境的整体效果产生影响，是景观设计构成的重要因素。

景观设计注重实用、适合、适用的原则。小品应以满足使用者的需求为主，在符合人性化的尺度下，为人们提供服务、保障安全，并考虑外观美，以增加环境视觉美的趣味。按照提供功能的不同，可把小品大致分为七类，分别是：（1）休息服务设施，包括室外坐具、休息廊、太阳伞、游乐器械、售货亭、自动售货机等；（2）景观艺术设施，包括雕塑、艺术小品、壁画等；（3）信息设施，包括路标、指示牌、信息栏、广告、电话亭等；（4）照明安全设施，包括室外灯具、消火栓、火灾报警器等；（5）交通设施，包括防护栏、路障、信号灯、车棚；（6）卫生设施，包括垃圾箱、洗手器、公共厕所等；（7）无障碍设施，包括无障碍中的交通、信息、卫生等各方面的设施。

小品在环境中好似跳动的音符，它通过不同的材质、结构、造型与色彩的有机结合，集中体现着地域文化的特点，形成景观设计要素中最为清晰的语言。小品的使用要突出少而精的特点，其布置必须依据城市环境及景观的需要合理安排。应赋予小品清晰的特色，体现出小品的景观特性。优秀的小品不仅是环境创作中的景观标示，也是该区域的文化载体。

2.1.1.6 光影

光影的处理是景观设计中非常重要的特色。光产生影，影反映光，光影共同作用能彰显景观设计中各种要素的更多层次与内涵。光影效果的存在使设计更加富有意境。空间因为光影的变化而更显生命力。有了足够的光和光影的变化，及其与色彩的结合，使人们能够领略到光及光影与色彩在空间层次中的韵律。

在景观设计中，光影能够塑造空间形体。由于光具有影响视觉对象外表的特性，既能显现视觉对象的外貌，又能够遮蔽事物的外形，在若隐若现的过程中产生视觉空间感。此外，光影对于空间有连接的作用。一种是将两个空间有机地连接，如建筑空间与水体空间的连接；另一种是光影本身创造的虚空间与实体空间的连接，如庭院植物产生的光影营造的虚空间与建筑这个实体空间的连接。

每种材料都有自己的质感特征，其细腻、粗放、光泽往往与光线的反射强度与方式相关。通过光影的巧妙运用，能够表现材料的特性和创造空间艺术氛围（图 2-10）。光影能使照射下的空间形成一种动式，强化空间的视觉效果，使得空间产生一种灵动美，达到与人之间深层次的交互。

图 2-10 日光下的建筑

室内空间可谓是由实物界面和光共同形成的，光可以创造出各种不同的空间效果，这取决于光源的形状、大小、色彩、位置与照射方向。光能够帮助室内空间形成不同的领域，产生强烈的空间层次，形成明确的空间导向，并在视觉上影响着人对室内空间的心理感受，产生抑扬、隐现、虚实、动静等不同的空间效果。光的明暗差异是光对空间分割与限定的基础。在光的限定中可以通过光的强弱和指向性来强化空间的层次和动势。

2.1.2　感知要素

景观设计的感知要素包括形态、尺度、质感与肌理、色彩、触觉、听觉、嗅觉。

2.1.2.1　形态

形是指物质呈现于表面的外貌，多指形状，如圆形、方形、几何形、自然形等。形是客观的，可以用数字、度量、比例等描绘出它的关系。对于形的感受常常带有某种主观的成分，不同的观念、经验会产生不同的感受和认识。在我们视觉能感知到的世界里，一切均以形态存在。形态意味着形体、形状、形式、状态，是事物在一定条件下的表现形式。形态是形体内外有机联系的必然结果，是外貌和结构特征，是视觉和触觉能感受到的物体形象，是一个事物、一个场景给人从感官到具体外形的认知。

任何一个物体，只要是可视的，都有其特有的形态。形态是环境空间设计的基础，也是焦点，无论何种功能的景观设计都需要落实到一定的形态上。空间形态对环境气氛营造、空间的整体印象起着至关重要的作用。景观设计中的空间形态是以点、线、面、体等基本形式出现的，并由其限定着空间，决定空间的基本形式和性质。我们将在3.2节进行展开叙述。

2.1.2.2　尺度

尺度通常是指根据某些标准或参考点判断的一定的成比例的大小、范围或程度。在诸多的设计要素中，尺度是衡量环境空间最重要的方面。景观设计中的尺度就是在不同空间范围内，环境的整体及各构成要素使人产生的感觉，是环境的整体或局部给人的大小印象与其真实大小之间的关系问题。它包括环境组成形体的长度、宽度、整体与整体、整体与部分、部分与部分之间的比例关系，及对行为主体人产生的心理影响。

尺度涉及具体的尺寸，但应注意它与尺寸之间的区别。尺度一般不是指环境要素的真实、具体的尺寸和大小，而是表达一种关系及其给人的感觉，即是人感觉上的大小印象与真实尺寸大小的关系。尺寸是用单位来度量的，如公里、米、尺、厘米等是对建筑物或要素的度量尺寸，是在量上反映建筑及各构成要素的大小。不同的尺度带来的感觉是不一样的，有的尺度使高层建筑显得挺拔或厚重（图2-11），有的则使高层建筑显得庞大或轻飘，它直接影响人的心理感受。

人是空间的感受者，直接与物发生作用。古代度量单位中的尺度本身就是以人为标准的，即人体某部位的长度，这种度量方式沿用至今。人物距离的大小影响人的知觉作用和结果，一般认为20~30m以内可以清楚识别人物；100m以内，作为建筑可以留下印象；600m以内，可以看清楚建筑及建筑轮廓；1200m以内，可作为建筑群来看；1200m以上，可作为城市景观来看。因此，由小到大，我们可将人感受到周围环境的尺度分为近人、宜人、超人三种尺度。近人尺度，人易感知并把握全局，如矮小的家具；宜人尺度，使人感到亲切，如步行街的尺度；超人尺度，易使人压抑、震撼，体现了人改造自然的力量，如体量巨大的纪念物、教堂等。

中国古代风水强调“百尺为形，千尺为势”，提出了中国古代的环境尺度观念。日本学者芦原义信先生提的“十分之一”理论，即外部空间可采取内部空间尺寸的8~10倍的尺度；以及“外部模数理论”，即外部空间可采用距离20~25m的模数。这都是人们在对

图 2-11 上海金茂大厦

自然感知的过程中，经过深刻的抽象思维而形成的空间设计理论。因此，只有在设计中注重尺度的把握，寻找一个正确尺度的参照物，才能与人固有的知觉相吻合，使人正确感知环境。

2.1.2.3 质感与肌理

质感是指在视觉和触觉上对不同的表面特质形成的感觉。由于各种材料物理属性不同，形成了软硬、厚薄、粗糙、细腻等不同材料质感的区别。质感是物体特有的色彩、光泽、表面形态、纹理、透明度等多种因素综合表现的结果。质感有天然质感与人工质感之分，不同的质感会给人带来不同的心理感受。例如，木材、石材、皮革等天然质感，通常给人以质朴、舒适的心理感受；而玻璃、水泥、钢材等人工质感，则易给人带来坚硬、冰冷的心理感受。

肌理一词在现代汉语中的本义是指物象表面纹理，它是物象存在的表面形式，反映了物象的表面质感和物质属性。其引申意义应用更为广泛，在绘画雕塑等传统艺术创作中指的是一种形象化语言，如各种笔触、斧凿的痕迹，画面上的纹理等；而引申到景观设计中，主要指材料本身的质地和表面纹理，反映材料这一物象的表面特征（图 2-12）。

质感与肌理的符号语义对环境空间形态的暗示是一种不直接表现的“隐匿”关系。人在和环境的接触中，质感与肌理起到给人心理和精神上的引导和暗示作用。质感与肌理都是材料的固有本性，在空间设计中，不同的质感与肌理能够营造出空间的伸缩、扩展、

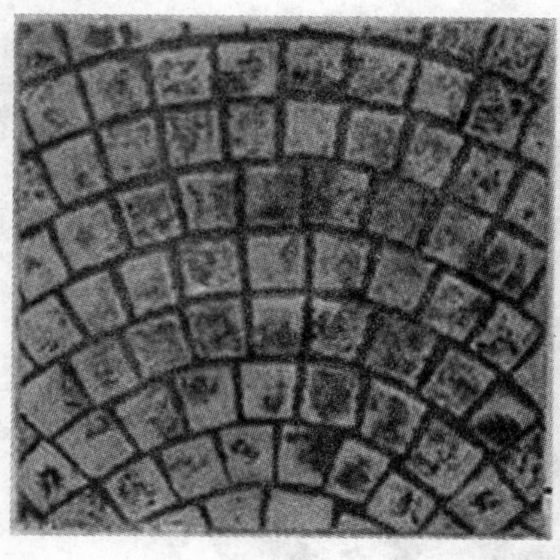

图 2-12　铺地纹理

引导等心理感受，并配合设计意图反映某种主题。

2.1.2.4　色彩

色彩能够使环境空间变得有趣而又变化无穷。色彩可以影响人的感觉、情绪，也可以赋予相同的空间以完全不同的风貌。在景观设计工作中，丰富的色彩是一个潜在的因素，能够帮助我们达到设计的目标。理性运用色彩的感性倾向，往往能达到出其不意的效果，创造出和谐舒适的环境。

色彩能够给人带来美感，也能影响人的情绪。色彩体系大致可分为冷暖两个色系，波长较长的红光和橙色光、黄色光给人以温暖感；相反，波长短的紫色光、蓝色光、绿色光给人以寒冷的感觉。在设计中应充分利用色彩对人的影响，考虑空间的使用功能，以符合空间使用要求，达到合理和完善。例如，以老年人使用为主的公共环境多采用稳定感的色系，儿童使用为主的空间则使用亮丽高纯度跳跃的色彩，以情侣为主的空间多使用浪漫温馨的粉色系为主。

统一地使用某种基调的色彩还能起到标志性作用，如威尼斯统一的红色屋顶，成为城市的标志（图 2-13），再如上海世博会的中国馆使用中国红，则是一种民族的象征，也是人们对东方的印象。

还需要注意的是，在设计中，同样的色彩随着条件的不同，视觉感受会发生变化，产生不同的视觉效应，如使用者文化、民俗习惯的不同、功能要求的变化等。

2.1.2.5　其他

触觉是一个人定位的重要手段，也是一个人对于环境认知的重要来源。风除了调节温度、净化环境，还传递了自然给人的触觉。人们在室外场所活动的原因部分取决于气候，尤其是风速和日照。人对于温度和气流很敏感，盲人尤其如此。在城市中凉风拂面和热浪袭人会造成完全不同的体验，所以在景观设计中我们尽可能地为人们提供纳凉庇荫的场所。历史上的景观设计者就掌握了如何塑造空气的流动。设计了靠通风降温的空间。他们意识到风在冬季要回避或者遮挡，但是在夏天却不可或缺，要强调的是通风降温与建筑环境的正确朝向相结合的重要性，因为夏季的主导风向与冬季不同。所以在炎热的夏日里加强通风来降温以创造舒适的微气候，可以通过园林要素的合理布置来获得。相反，一些夏

图 2-13 威尼斯卫星图

天能够有效改善微气候的空间环境到了冬天就变得极不舒适。此外，不一样的材料都会有不一样的触感，坚硬冰冷的质感赋予空间一种强硬冷漠的感觉，柔软的质感则给予人温暖舒适的触觉，使人得到放松。

声音不仅能满足人们生理上听觉的需求，而且悦耳的声音也是增强环境美感的一个组成元素。景观设计中，人们有着回归自然的愿望，可以引入鸟，虫鸣声，水景带来的水声等，富有生活气息。在景观设计中对声音处理时一般是提高音质，减少噪音的影响。由于声音源自物体的振动，声波入射到墙、板等环境构件时，声能的一部分被反射，一部分穿过构件，还有一部分转化为其他形式的能量被构件吸收。设计师必须了解声音的物理性质和各种材料的隔声、吸声特性，才能有效地控制声环境质量。

人类的视觉、听觉、触觉、嗅觉与味觉是我们进行设计的参照。景观设计中的嗅觉主要是指草木芬芳。一种好的味道会让环境大大提分，一种刺鼻的味道也会让人心生厌恶，在景观设计中我们需要考虑这一点。在中国古典园林中，植物的香景一直备受人们的青睐，园林之香名目繁多。由于园林地势起伏，又常被分割成许多小的院落，以至于人们在游览时所闻到的香味往往是淡雅含蓄的。所有这些作用于嗅觉的无形风景，加强了环境的吸引力。

2.2 景观设计的空间形态

【本节引言】

形态是由形和形式所表现出来的一种态势。环境空间从几个方面与人发生交流，一方面它以形状、大小、方位、色彩、光、肌理以及相互间的组织关系影响人的行为和心理；

另一方面，空间形态蕴涵着表情、态势和意义，反映着设计者个人、群体、地区和时代的精神文化面貌。

2.2.1　形态的组成

点、线、面、体是空间造型的基本元素，同时也是对设计师思想的表达，因此我们需要掌握点、线、面、体和它们的构成规律。一般来说，不会出现一个元素单独存在，通常它们都组合在一起，且彼此之间随着距离的改变可能相互转换，如单个的点重复出现时变成线或面、线可以变成面或围合成体、许多面可以成一条线。可以说，任何的平面图形都是点、线、面关系网络化的结果（图 2-14）。

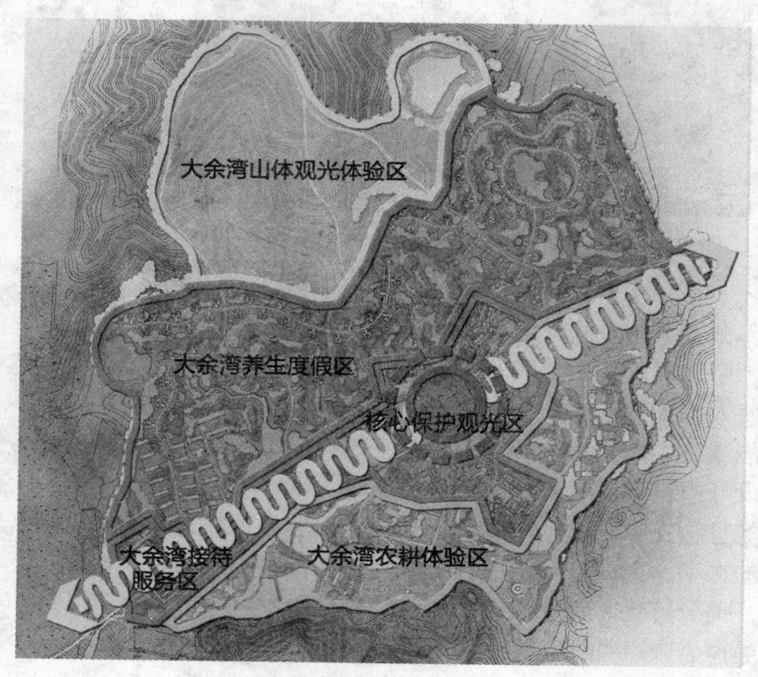

图 2-14　大余湾景观设计功能分区图

2.2.1.1　点

点一般用来表示空间位置，它没有长度或宽度，也不表示面积、形状。人的视觉能将所看到的物象简化，将某些部分抽象为点。点在构成中具有集中吸引视线和表达空间位置的功能。

点是视觉中心，当画面上有一个点的时候，人们的视线就集中在这个点上。单独的点本身没有上下左右的连续性和指向性，但是它有点睛的作用，通过凝聚视线而产生心理张力。环境不同，点的实际大小也是不相同的。在同一景观环境中，点是一个相对很小的单位，但在不同的景观环境中，大环境中的边界点可能成为小环境中一个很大的面。

2.2.1.2 线

线是点移动的轨迹，在几何学定义中，线只有位置、长度，而不具有宽度和厚度。但从人的视觉角度来看，线是具有宽窄粗细的，在其他环境要素衬托中能充分显示其连续性质。在城市环境中线状界面是不可或缺的一个几何组成要素，多作为边界形式出现，如街道、河流、围墙、长廊等（图 2-15）。线状要素的作用在于连接空间、分割空间、有意识地引导人流活动等。

图 2-15 迁安三里河生态廊道

线可以分为直线和曲线，直线包括垂直线、水平线、倾斜线，曲线包括几何形、有机形和自由形。任何复杂的线型都是由这些基本的线型组合而来，如折线由直线组成，波浪线由弧线组成。采用不一样的线型组合能够构造出不一样的氛围。垂直线给人以向上、坚韧的印象；水平线给人稳定、安静、平和的感觉；倾斜线则变化较多，让人觉得不安定、有动势。垂直线和水平线交织出的空间一般给人一种严谨、庄重的美感，但同时也令人感到过于呆板、缺少变化和参与性。相比直线而言，曲线更加流畅，自身带有一种动势，一种韵律感；螺旋线常常给人升腾感和生长感；圆弧线有向心感、稳定感。一般而言，建筑空间中垂直线、水平线运用较多，但也常利用曲线创造或调节空间的性格和情调。例如，在中国的古建筑中常采用梁柱水平和垂直的结合，构筑稳定庄重的空间感；西方教堂常常采用的是弧形的穹顶与石柱结合，使用向上集束收拢的线形成一种高耸、神圣的空间感觉。

除实线外，虚线在空间中也是较常见的，如轴线、各部分之间的关系线、明暗交界线、影线、光线等。轴线在空间中可以引导人的视线和行为，点与点之间由于视线的移动，可以引起虚线的感觉，这更多是心理上的线。

2.2.1.3 面

面是线的连续移动至终结而形成的。面有长度、宽度，没有厚度。直线平行移动成长方形；直线旋转移动成圆形；自由直线移动构成有机形；直线和弧线结合运动形成不规则的形。面本身从某种意义上来说就是一个空间，它能分割周围的空间，而这个空间中的面又是可以拆分的，面是由线运动而组成，线又是由运动的点组成，所以最终把它还原成点或线。一个空间和周围环境相比较之下高度、厚度都没有强烈的实体感，那么它就属于面的范畴。

从形态形成方式及特点角度看，面可以分为规则几何形和不规则几何形两类。规则几何形的面显得整齐、简洁、正式、庄严，却容易过于单调和机械化。例如，空旷的广场显得无趣、容易使人产生疲劳感；若在其中加入不规则的绿化，分割限定交通空间和停留空间，丰富了空间的层次与生机，则会变得有趣得多。不规则几何形的面富于流动和变化，给人舒畅、和谐、自然的感觉，它比规则几何形复杂，更具有个性。

2.2.1.4 体

体是由面展开形成的，是人由不同的角度看到的物体的不同视觉印象叠加而得的综合感觉。体形是体的最基本的物象化特征，是由面的形状和面之间的互相关系所决定的。体的种类也分规则的几何形体和不规则的自由形体，在建筑中一般是以几何形体为主。

长度、宽度和高度是体的三个量度。体的概念也常常与“量”联系，一个体的重量感与它表面的材质、肌理、造型、尺度、色彩、光亮度等有着密切的关系。一般情况下，体的尺度越大，质感越粗糙，色彩越重给人的感觉就比较重。例如，同宾馆大堂的石柱，粗糙石面就让人感到厚重，而不锈钢包的石柱，表面光滑简洁，就感觉轻巧些。再如，罗马柱式，其本身体量较大，但是由于表面垂直的纹理划分及脚线与柱身比例恰当，就不会让人感觉到笨重。

体既可以是占有空间的实体，也可能是由面所围合而成的空间，是虚的体。这两者的相互对立和相互依存构筑出了建筑的空间，而实体形的变化也就意味着空间的形随之变化。建筑空间中，虚的体指空间，空间可以由实体的面围合而成，也可以是虚的面构成。例如，亭子就是由实体的顶面和四周的虚面围合共同构成的一个空间，那些由柱子、石基、扶栏构成的虚面是由人的视觉联系而形成的心理上的面。一个体的虚面越多也就是它的开放性越大。

从视觉心理角度分析，实体具有向内凝缩的内力和向外扩张的外力，二者相互作用取得平衡。内力造成实体的重量感，而外力能在实体周围形成自己的“力场”，并由实体的大小形成一定的“力场”范围。当实体与实体之间相距到一定程度时，就会相互作用，或干扰或协调。实体的外力作用扩张造成空间的紧张感，这也就是为何空间中存在过多的实体往往容易造成拥挤感，空间过低或者实体墙面之间距离过短会造成压迫感的原因。例如，哥特式教堂正是由于建筑实体的体量以及实体间的距离、造型繁复等造成了空间上强大的“力场”，从而形成了凝重、神圣的气氛。在现代的建筑空间中大多使用轻便的造型和材质，如钢架结构、玻璃构筑空间，其实体体量小，空间的力场也就小，空间就相对轻松。在建筑环境中，实体总是相互组合排列，构成一定的实体和空间关系，形成界面、限定空间。在景观设计中，我们要特别注重实体与空间之间的虚实关系，因为实体要素之间的关系、尺度、比例决定了空间的比例、尺度和基本形式，而实体要素的肌理、光泽、色彩、材质等表面形式影响着空间的氛围和性格。

2.2.2　实体与虚体空间形态

对于空间的界定或限定有时并不一致，有些明确而具体，有些则模糊不确定，需要验证其是否存在和大致的位置；还有一些区域根本没有边界，围合空间的实体与空间之间形成了一种“实”与“虚”的相对关系。

任何空间环境都有限定它存在的边界线，因此存在格式塔心理学中的“图底”关系(图2-16)。图与底是图像学所引发的两个概念，可以理解为主体与背景的关系，它们既是对立的也是统一的。若把由限定空间的边界所围合的空间领域作为“实体”形态来考虑，那么边界线以外的空间就成为“虚体”空间。人们往往在习惯上将两者关系绝对化，而实际上两者既相互依存，又相辅相成，并在一定条件下是相互转化的辩证关系。最早将“图底关系”系统地运用于建筑领域的是丹麦建筑史家拉斯姆森（S. E. Rasmussen），他在《作为经验的建筑》中论述了石窟寺建筑实体与包围它的山崖构成的背景的关系。每个城市环境中，实体与虚体都有一个既定的模式。空间设计中运用图-底法，可以借操纵模式实际形状的增减变化，决定图底的关系。可以说，图底关系的好坏是判断环境空间设计成败的重要手段之一。

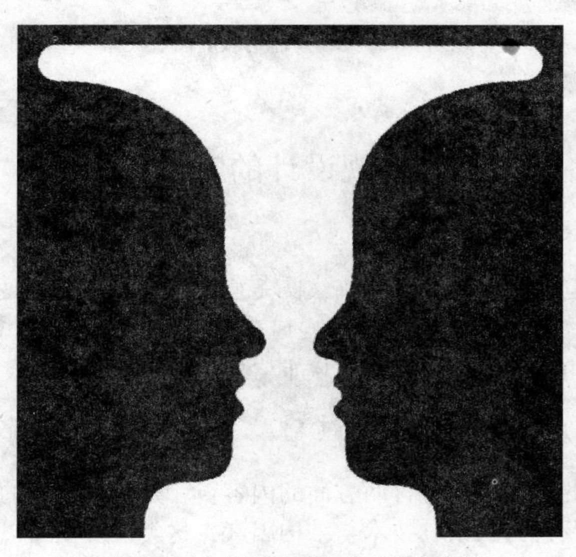

图2-16　反映“图底”关系的鲁宾杯

在环境空间中进行“图底”分析，是将把作为“虚体”考虑的空间，有意识地改为“实体”来考虑，即将空间实体要素作为空间分析的基础。通过对空间形态“图底”关系正反两方面的分析，可以更加全面、深入地理解和研究建筑、景观与环境空间的关系。将格式塔心理学体系中“图底关系”理论应用于现代建筑景观环境中，借助了美学和心理学理论，融入设计观念中，对塑造富有特色的环境景观空间具有重要意义和指导作用。

例如，很多欧洲老城都呈现出明显的“图底关系”（图 2-17），即建筑与空间互为图底，两者交织在一起，明显有别于现代低密度的城区图形。一般认为，相对于现代城市，欧洲传统城市的空间特征有着更加良好的图底关系，其特点有：①建筑密度大，一般在40%以上，也就是说建筑所占面积与街道广场等空间比重接近；②建筑与空间均质分布并相互连接；③空间尺度宜人；④建筑是周边连续且封闭的实体，空间界面封闭性好。从空间感受层面来看，中世纪欧洲旧城无论是尺度、界面还是活力都比现代城市空间更具人性化，更有场所感。

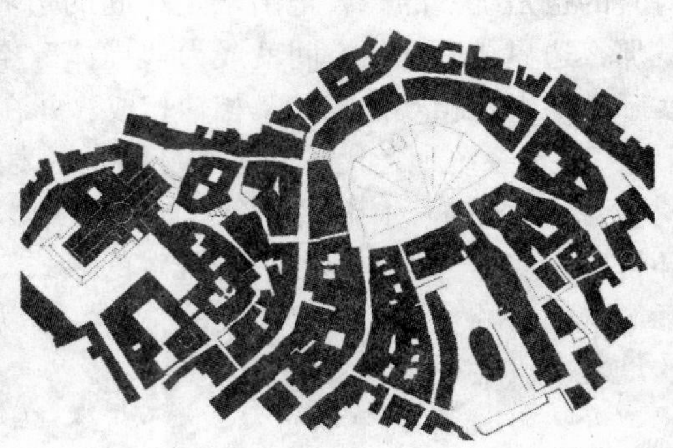

图 2-17　意大利锡耶纳城的图底关系

2.3　景观设计的空间尺度

【本节引言】

尺度存在于环境空间设计的每个环节，既是空间设计的手段，也是空间设计的原则。在景观设计中，需掌握不同尺度对空间与空间设计的影响，包括人的心理因素对其的影响，同时也要注重室内空间、建筑空间、城市空间等不同范畴的尺度。

2.3.1　空间尺度的概念与意义

空间尺度系统中的尺度概念包含两方面的内容：一是指空间中的客观自然尺度，主要影响因素有人的生理及行为因素、技术与结构因素，这类尺度主要以满足功能和技术需要为基本准则；二是主观精神尺度，它是指空间本身的界面与构造的尺度比例。

从具体的应用概念来说，空间尺度是对空间环境的大小进行度量与描述的一组概念，每个概念从不同的角度描述了空间环境在大小度量中的特征，包括尺寸、尺度、比例和模数。尺寸，以技术和功能为主导，是空间真实大小的度量，有基本单位，是绝对的，是一种量的概念，不具有评价特征。在环境艺术的空间尺度中，大量的空间要素由于自然规律、使用功能等因素，在尺寸上有严格的限定，如人体尺寸、设备器械的尺寸、声光等物理量的尺寸。尺寸是尺度的基础，尺度在某种意义上说是长期应用形成的习惯尺寸的心理积淀，尺寸反映了客观规律，尺度是对习惯尺寸的认可。

尺度是空间景观设计众多设计要素中最重要的一个方面，在空间造型的创作中有决定的意义。尺度，既是空间设计的手段，也是空间设计的原则。“人体尺度”是人类在长期生活中积累形成的一种适度的标准和视觉印象。尺度存在于环境空间设计的每个环节。虽然在整个景观设计中并不一定遵循唯一的尺度概念，但设计的最终目的是创造有意义的、适合人们需求的尺度效果。

2.3.2 人体尺度

人体尺度是指与人体尺寸和比例有关的环境要素和空间尺寸。这里的尺度是以人体与环境之间的关系比例为基准的，由此产生的环境之间的大小关系与这种基准有直接的联系。

人体尺度是人体工程学研究的最基本的数据之一。它主要以人体构造的基本尺寸（又称为人体结构尺寸）为依据，主要是指人体的静态尺寸，如身高、坐高、肩宽、臀宽、手臂长度等。人体尺度是通过研究人体对环境中各种物理、化学因素的反应和适应力，分析环境因素生理、心理以及工作效率的影响程序，确定人在生活、生产和活动中所处的各种环境的舒适范围和安全限度，所进行的系统数据比较与分析结果的反映。它也因国家、地域、民族、生活习惯等的不同而存在较大的差异。

2.3.3 比例与模数

2.3.3.1 比例

比例是指一部分对另一部分或对整体在量度上的比较、长短、高低、宽窄、适当或协调的关系。在景观设计中，设计师对空间的形式和比例会有一定的控制，一方面是由于材料的性质、结构功能以及建造过程的原因，空间的形式的比例不得不受到一定的约束；从另一方面来讲，由于比例为环境和空间的尺寸提供美学理论基础，设计师从主观上通过这种控制将空间设计成预期的宜人效果。比例一般不涉及具体的尺寸，它通过各个局部归属与一个比例谱系的方法，使空间构图中的众多要素具有视觉统一性。比例能使空间序列具有秩序感、连续性，并在室内室外空间要素中建立起某种联系。

在空间、建筑和它的各个局部，当发现所有主要尺寸中间都有相同的比例时，这就是要素之间好的比例。除此之外，还有纯粹要素自身的比例问题，如门窗、房间的长宽之比。有关绝对美的比例的研究主要就集中在这方面，如黄金分割比例、对人体比例的研究等。

古希腊的毕达哥拉斯认为世界上的一切都是数字，某些数字关系表明了宇宙结构的和谐，称为黄金分割的比例。黄金分割的几何定义是一条线段被分为两部分，短段与长段之比等于长段与全长之比，即 $CB/AC=AC/AB=0.618$。边长比为黄金分割比的矩形称为黄金矩形。黄金分割有着一些奇妙的几何与代数的特性，是它得以存在于空间结构之中，而且存在于生命机体结构中的原因。古希腊人发现在人体比例中黄金分割起着支配的作用。他们认为不管是人类还是他们供奉的宇宙，都属于一种比较高级的宇宙秩序，并将这些相同的比例反映在他们的庙宇建筑中。

人体比例系统是根据人体的尺寸和比例而建立的。文艺复兴时期的建造师们把人体比例看作是一个证明，表明某些数学的比反映着宇宙的和谐（图2-18）。但对人体比例研究的不应是抽象的象征意义的比例，而应是功能方面的比例。建筑的形式和空间要么是人体的维护物或是人体的延伸，因此它们的大小应该取决于人体的比例。

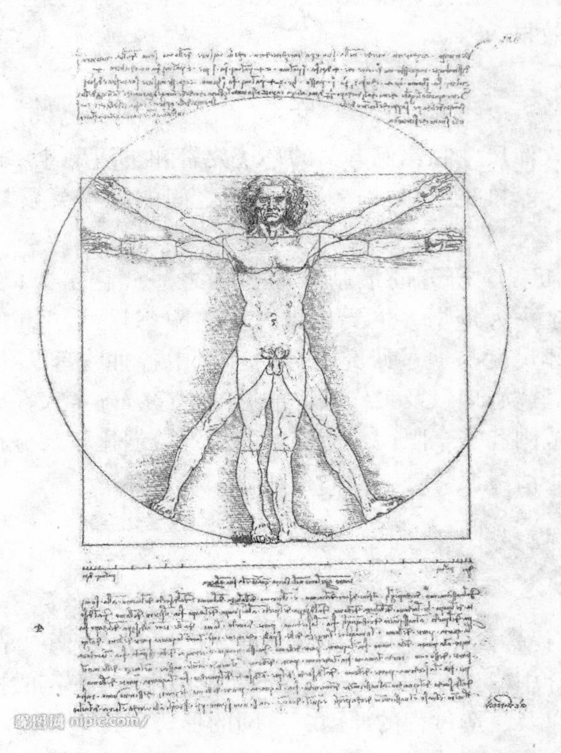

图2-18　达·芬奇的作品“威鲁特人”包含着黄金分割

现代主义大师勒·柯布西耶在他建立的模度体系中也引入了黄金分割的方法，他把人体尺度、数学、设计等方面有机地结合在一起创造了模度、模度人及模度理论。

柯布西耶对模度的解释是“模度是从人体尺寸和数学中产生的一个度量工具，举起手的人给出了占据空间的关键点足、肚脐、头，举起的手的指尖，它们之间的间隔包含了被称为费波纳契的黄金比。另一方面，数学上也给予它们最简单也是最有力的变化，即单位、倍数、黄金比。”而“模度人”是用来制定和绘制模度的一种标准人体图形，具有理想化的和谐的比例关系。柯布西耶从人体的三个基本尺寸——人体高度（身高）1.83米、手上举指尖距地（举手高）2.26米、肚脐至地（脐高）1.13米出发，按照黄金分割引出两个数列——红尺和蓝尺，用这两个数列组合成矩形网格，由于网格之间保持着特定的比例关系，因而能给人以和谐感（图2-19）。

柯布西耶创造模度与模度人的基本出发点和思路就是以人为本，基于人体及其四肢的比例、尺度来建立衡量单位，创造衡量建筑或环境的模数单元，使建筑或环境合乎人的比例、尺度，与人相协调。模度理论是柯布西耶继维特鲁威的“方形人”、达·芬奇的“维

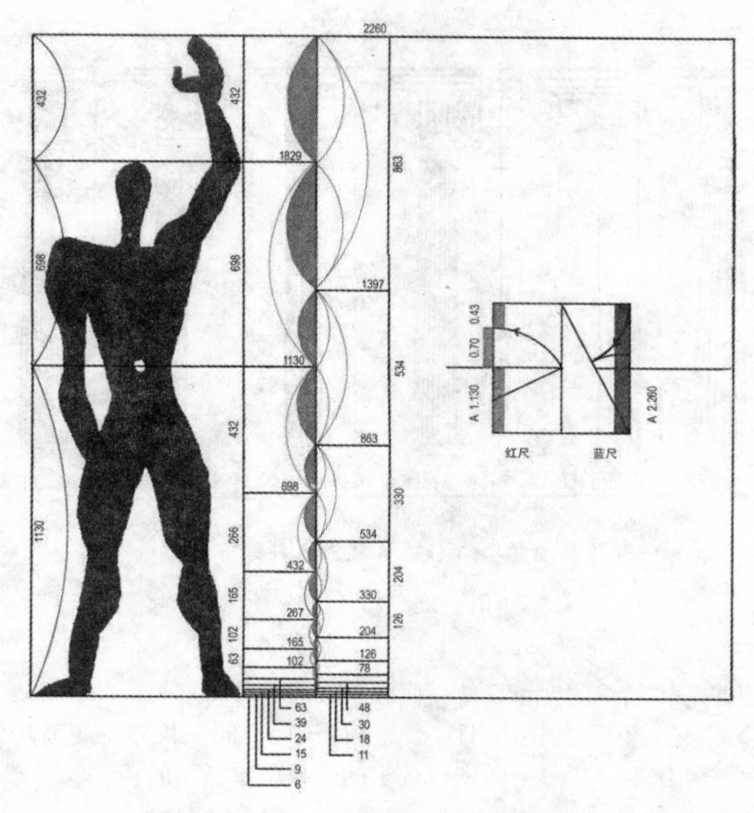

图 2-19　勒·柯布西耶的模度及模度人图示

特鲁人”之后，在模数制方面进行的一次全面的、系统的、具有重大意义的探索。借鉴模度的思维方式，可以使我们重视空间设计与人体尺度的具体关系，提示我们在设计中使用数学辅助工具，使设计工作成为一种科学。

2.3.3.2　模数

模数是用于设计、生产的尺寸单位或尺寸体系称，是用来制定建筑材料的尺度标准或控制建筑构成比例的计量单位。模数与比例在很多时候是相互渗透的，比如西方的柱式、中国的斗口、日本的“间”等，既是模数，同时又是比例关系的基础。相对于比例侧重于视觉的美感，模数由于受制于材料的性质，更侧重于制造与施工的便利。

举例来说，对于古希腊和古罗马的古典建筑来说，柱式和它的各部分的比例，尽善尽美地体现了优美与和谐。柱径是基本的计量单位，柱身、柱头、柱础的尺寸、乃至柱式上部的柱檐到最小的细部，都出自这个模数，柱式的间距也同样以柱径为基础。由于建筑的大小不同，柱头的尺寸也不一样，因此柱式并不以一个固定的计量单位作基础。这样的目的是为了保证空间环境所有的局部都成比例并且相互协调（图 2-20）。

柱式的模数会随着建筑的大小不同而变化，但传统的日本度量单位“间”则不同，它是一个绝对度量尺寸。“间”刚开始仅用于设计柱子的间距，但不久就成了住宅建筑的

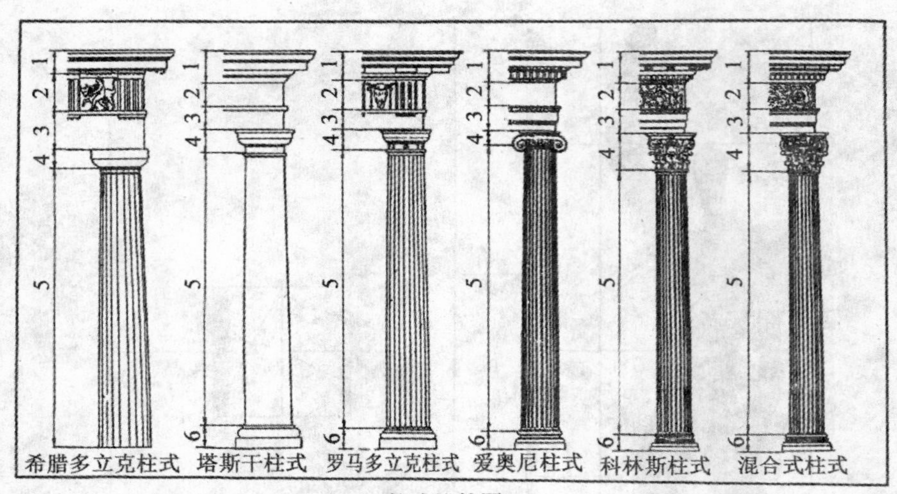

柱式比较图

1 檐品 2 檐壁 3 额枋 4 柱头 5 柱身 6 柱础

图 2-20　柱式比较图

统一标准，不仅是房屋结构的度量尺寸，而且发展成了一种审美模数，确定了日本建筑的结构、材料及空间的秩序。在典型的日本住宅建筑中，“间”网格决定着房间的结构和房间的空间及空间增加序列。矩形空间则以较小的模数单位自由的布置成线式、交错式、组团式图案。

中国古典建筑的设计建造中也有类似的度量单位，在宋代《营造法式》的大木作制度中，建筑中所用构件大小、房屋高深皆以“材”为计算单位。“材”有 8 种尺寸，按房屋的大小等级分别采用不同的材等。

2.3.4　心理因素对尺度的影响

人、物、环境是密切联系在一起的一个系统。空间尺度的确定除了要考虑物理尺寸外，更重要的是考虑人对空间感受的心理因素，如人际交流所需的距离。

2.3.4.1　个人空间

R. 索玛于 1969 年首先提出了个人空间的概念。他认为个体的周围存在着一个既不可见又不可分的空间距离，当这个距离被打破时，人就会显得焦虑和不安。这个距离是人在心理上所需要的最小的空间范围，通常是具有看不见的边界，它可以随着人移动，还具有灵活的收缩性。每个人都有个人空间，多数情况下人们不会意识到它的存在。只有当受到伤害或破坏时，它才会通过人的一系列动作、心理变化显现出来。例如，在餐厅中，顾客在选择座位时会优先选择四周幽静的位子或尽量与他人隔开；在公园里选择休息座椅时，会优先选择两头的座位，而中间有人的位子两边一般是不会有人坐的。可以说，个人空间是人们在环境中使用的一种隐含的行为机制，人们通过它与他人之间保持一定的距离、调整与他人交往的程度。

2.3.4.2　人际距离

人与人保持的这种距离根据不同的接触对象和不同场合而有所差异。以动物的环境和行为的研究经验为基础，人类学家霍尔于1969年在《潜在尺度》一书中，提出了人际距离的概念。他根据人际关系的密切程度、行为特征等因素将人际距离分为亲密距离、个人距离、社会距离和公众距离。人们通常虽然不会明确意识到这种人际距离，但在行为上往往却遵循这些不成文的规则。如果破坏这些规则，则会引起人们的反感。

亲密距离是有着强烈感情的距离，一般在0~0.45m；个人距离是个人与他人间的弹性距离，这一距离与个人空间的需求基本一致，在0.45~1.2m；社会距离是参加社会活动时所表现的距离，是朋友、熟人、邻居、同事等之间日常谈话的距离，一般在1.2~3.6m；公众距离一般是陌生人之间的距离，在3.6~7.6m。每类距离中，根据不同的行为性质再分为接近相与远方相。当然对于不同民族、宗教信仰、性别、职业和文化程度等因素，人际距离也会有所不同。

2.3.5　景观设计不同范畴的尺度

以人的视觉感受而言，不同尺度的形态会形成不同的景观意识，这种意识体现在设计上就形成了以不同尺度单位为基础的尺度概念。在景观设计中，对于室内空间、建筑空间、城市景观空间这三种不同的尺度范围，考虑问题、影响因素以及尺度所包含的内容等也都不同。

2.3.5.1　建筑空间的尺度

建筑构成人使用的空间环境，它主要的构成要素是空间和结构要素，为人的活动提供适当大小的空间环境及空间组织序列。建筑空间的尺度主要由人的行动能力限度与视觉能力限度因素决定，因此建筑的尺度是行动的尺度、视觉的尺度。其尺度单位是以整个人体、人体运动、人群为尺度。

建筑的功能决定了主要的建筑尺度，从宏观上决定了建筑的空间规模尺度，从细节上决定了建筑的功能构造尺度。而一个建筑的尺度并不仅受到功能影响，它也受到环境条件、结构技术等客观因素限制。影响建筑的客观因素包括地形、气候、日照距离、噪声控制、城市建筑尺度控制等。

建筑空间尺度中的外部尺度需要与城市的尺度相衔接，要考虑建筑的体量、建筑与街道广场、建筑与街区的关系等视觉与心理的因素；而在近人的空间部分要考虑人体尺度、人的行为心理，如沿街立面、入口空间、室外公共设施等。建筑空间尺度中的内部尺度要与室内空间的设计尺度关联，成为室内空间尺度的外延与框架。可以说，建筑尺寸成为连接室内空间尺度与城市空间尺度的桥梁。

2.3.5.2　城市空间尺度

城市空间尺度不再与具体的个人有关，而是由单体建筑、植物、交通工具等决定其尺度范围，同时受到地理环境、城市功能、经济结构、文化背景等综合因素的影响。城市空间尺度包括规模尺度、视觉空间尺度和心理空间尺度。规模尺度从宏观尺度的层面，根据城市或区域的功能对空间环境的尺度进行界定，如密度控制、建筑容积率与覆盖率控制、建筑形制与高度控制。视觉空间尺度由人们通过视觉控制和把握，如城市天际线控制、建筑与构筑物尺度控制、退缩空地控制等。心理空间尺度由人们的抽象心理感受控制，如邻里尺度、小区尺度、领域尺度、城市尺度。在设计实践中，在规划与景观的范畴中景观设计更多地侧重于视觉与空间造型，即视觉空间尺度和心理空间尺度是景观设计城市空间尺度的核心。

规模尺度。城市建筑规模尺度控制是从城市的整体区域角度出发，对群体建筑密度、平面尺度、高度、立面尺度实行的尺度控制。这种尺度控制除了针对建筑本身，更主要的是协调建筑与其他城市构成要素之间的关系，使整个城市按照预定的城市功能合理地构成有机的整体。

视觉空间尺度。空间的相互关系主要由人的视觉确定。布鲁曼菲尔特在《城市规划中的尺度》中指出视距 D 与建筑高度 H 的关系如下：人在看前方时，如果以 2：1 的比例看上部，即成 40°仰角。如果考虑在建筑上部看到天空，那么 $D:H=2$，仰角 27°时，可以整体地看到建筑；若从看单栋建筑进而看一群建筑时，一般认为距离约为 $D=3H$，仰角 18°。

芦原义信提出 $D/H=1$ 是空间质的转折点，$D/H=1$ 时，建筑高度与间距之间有某种匀称存在，以其为界线，随着 D/H 比 1 增大，即成远离之感；随着 D/H 比 1 减小，即成迫近之感。

西特（Camillo Sitte）对广场空间的尺度也提出类似的理论。他认为，广场宽度的最小尺寸等于主要建筑物的高度，最大尺寸不超过其高度的 2 倍，即 $1 \leq D/H \leq 2$。当 $D/H<1$ 时，对于广场来说，成了建筑与建筑相互干涉过强的空间；当 $D/H>2$ 时，则有点过于分离，作为广场的封闭性就不容易起作用了；D/H 在 1 与 2 之间的空间平衡，是最紧凑的尺寸。

当设计城市空间时，其空间尺度与室内空间相比有很大不同，但仍要依据人体尺度来考虑。芦原义信在《外部空间设计》中提出了“十分之一理论”，即外部空间可以采用内部空间尺寸 8~10 倍的尺度。外部空间的尺度也是要先确定其使用功能，再根据其功能参照室内空间尺度推算。例如在室内空间中，一个边长 2.7m 的空间是亲密的空间尺度，而在外部空间中，要想得到同样亲密的空间感，尺度要放大 8~10 倍，为 21.6~27m。十分之一理论并非所有情况完全适用，倍数也不是绝对的，但要把内部空间与外部空间之间的关系放在心上，作为外部空间确定尺度的参考。

心理空间尺度。从人的心理感受上来看，人们倾向于将熟悉的庭院、邻里、小区等认为是亲切的空间尺度，而城市的街道、宏大的公共空间等认为是普通城市尺度。举例来说，人作为步行者活动时，一般心情愉快的步行距离为 300m；超过它时，根据天气情况而希望乘坐交通工具的距离为 500m。步行距离超过 500m 时，人会开始感到疲惫，这时可以说已超过建筑尺度了。人骑自行车的距离以 2000~3000m 为宜，超过 5000m 人就感觉费劲了。总之，能看清人存在的最大距离为 1200m，不管什么样的空间，只要超过 1600m 时，作为城市景观来说过大了。

2.4　景观设计的空间组织

【本节引言】

空间是景观设计的主角，空间设计的好坏会直接影响人们在所在空间的活动情况和精神状态。同时空间也从某种意义上体现出人们的物质文明与精神文明的程度。景观设计中，几乎不会出现单一的空间，一般都是以多个空间的相互组合，或者复合空间的形式存在。对于建筑内部空间来说，即使是只有一个房间，其空间也会根据功能的需要而划分为不同的空间区域。对于更大范畴内外部空间——城市空间来说，更是会以多空间组合形式出现。因此，需要依据功能、地形、人流的活动特点等各个方面对空间的序列进行精心设计，通过一定的艺术处理手段将一系列的空间进行排列、处理，并结合时间的先后统一设计，使人获得一种动态的感受和连续的完整的空间印象，即进行空间的组织。在空间组织的过程中，要充分考虑空间的功能分区与交通组织，以达到空间之间的统一、连贯、合理有序、整体而有变化。

2.4.1　功能空间组织

人们不论是建造房屋，还是筑造城池，其目的都是为了获取空间，使用空间，这就是空间存在的基本功能。不同类型的活动对空间会有不一样的功能要求，所以也必须存在相适应的空间形式。空间与功能的关系可以用形式与内容的哲学概念来进行比较分析。空间是形式，而功能是人类获取空间的主要目的。可以说，功能决定着空间的形式。

所谓功能空间组织，简单而言就是按照功能对空间进行组织。景观设计师在对空间进行组织时，首先考虑的是各个不同空间的功能是什么，然后进行初步的功能分区。从功能的角度讲，景观设计中任何一个空间都不是孤立存在的，而是相互联系的功能系统，其组织的好坏直接影响空间功能的使用。空间功能关系与空间的流程、动静的分区、活动的类型、空间的形态等问题都有密切的联系。

为了创造宜人的活动场所，设计师往往会利用一些功能分区图来进行功能空间组织分析，在设计过程中一般需经历功能设定、功能的量化与质化、功能组织等三个阶段。

第一阶段是功能设定。功能设定的首要任务是为环境功能与其要素之间建立起一定的对应关系。在景观设计中如果明确了需包含的各项功能也就不难在平面设计中设置相应的场地以实现环境的功能性。例如，城市广场，其中必有交通空间、人的活动区域和休憩区域，人的活动区域又可以分为散步、游戏、表演等，这些区域要保证平坦、宽阔、无障碍。休憩区域可供人们看报、观景、小憩、聊天等，这些区域需要有足够的座椅、绿化等。

第二阶段是功能的量化和质化。功能的量化和质化的实质是为所设定的功能寻求相对应的室外空间。功能空间需要多大，摆放在哪里，符合哪些条件等都是在功能的量化和质化过程中需要回答的问题。某一功能需要空间的量主要是以面积来反映。例如，体育活动场地的尺寸几乎是定值，道路的宽度可用车流、人流的股数加以推算。环境功能的“质”是指环境中人的适宜度。决定适宜度的条件主要包括生理条件、行为条件、心理条件等三类。功能的量化与质化是景观设计中的重要环节，在平面空间组织阶段为特定的功能寻求到最适宜的空间的过程将为最终高质量环境的形成奠定基础。

第三阶段是功能组织。当各个空间的功能及其适宜的质与量都十分明确后，接下来就进入对功能的组织阶段。这些大小不等、形态各异的空间需通过一定脉络的串联才能成为一个有机的整体，从而形成整个空间的基本格局。空间的组织可遵循以下几种功能的排列顺序：

室内→半室内→半室外→室外

封闭性→半封闭性→半开敞性→开敞性

私密性→半私密性→半公开性→公开性

安静的→较安静的→较嘈杂的→嘈杂的

静态的→较静态的→较动态的→动态的

2.4.2　交通空间组织

景观设计的空间组织除了受到空间的流程、动静的分区等功能关系的影响外，还要根据使用活动路线与行为规律的要求，分析各要素之间的联系，有序组织人、车交通，合理布置相关设施，将空间各部分有机联系起来，即需要进行交通空间的组织（图 2-21），包括以下几个方面：

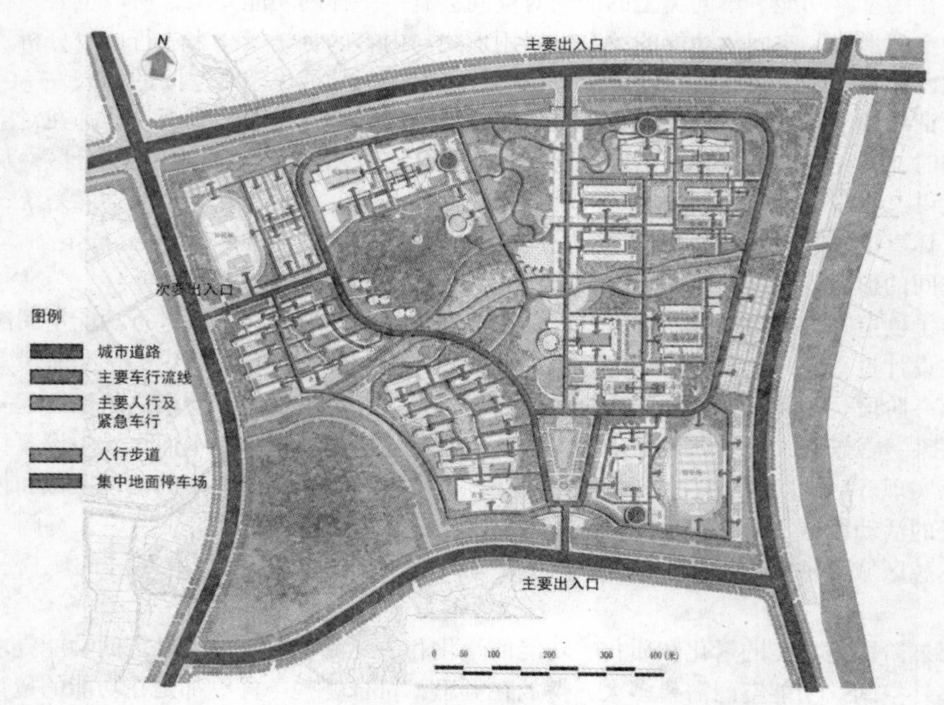

图 2-21　校园道路交通规划设计图

首先是交通流线的组织，包括主要流线、次要流线及其关系。在景观设计中，场所内主要的交通流线（人流和/或车流）应清晰明确、易于识别，线路组织应通畅便捷；交通线路的安排应符合空间的使用功能和规律以及人的活动特点。在建筑内部空间主要是需要对人的交通流线进行组织。在建筑外部空间交通流线的组织上，主要交通方式除了人行流线，还要考虑车行流线（包括机动车和非机动车）及其两者之间的关系。

在人行流线的组织上，特别是人流密集的区域和空间环境，如电影院、剧场等文化娱乐建筑、展览建筑、商业中心，需要特别注意合理组织，在一些设计规范中对此也有相应的规定。如《民用建筑通则》中规定，人员密集的场地应至少一边邻接城市道路，该城市道路应有足够的宽度，以保证人员疏散时不影响城市正常交通；这类场地沿城市道路的长度应按建筑规模和疏散人数确定，并不得小于基地周长的1/6。

在人、车流线关系的处理上，由于人的活动会影响车流的行驶速度，车流对人的安全也有一定威胁，因此要避免人车混杂，相互干扰。场地内根据人、车交通组织的关系，可分为人车混行系统、人车部分分流系统和人车分流系统。场地中大量人群集中活动的主要区域应禁止车流进入。此外，在外部环境空间中如果场地地势起伏较大，在交通组织时应充分考虑地形高差的影响，避免过多垂直交通和联系不便。

其次是流量的分配。交通空间组织与其交通特征，特别是交通流量密切相关。有的空间人的流量大，有的空间车的流量大；有些连续空间中各类交通流量都需要考虑，在空间组织上应予以区分，并各有侧重。在对空间中的交通功能进行组织与功能分区时，交通量大的部分一般要设置在出入口附近或者主要的交通道路上，来保证线路短捷和联系方便。流量较大的人、车和货物的流线组织，要避免影响到其他区域的正常活动。私密性要求越高或者人群活动相对越密集的区域，对过境交通穿越的限制越严格。例如，室内环境中的展览空间，其交通空间组织应符合自由性、导向性、连续性、片段性、间断性、变化性、空间弹性、适度性、生态性原则，避免重复路线和交叉路线，让进入到空间的人在游览过程中感到舒服、没有障碍物、不易迷路。又如，外部空间环境景观中的居住区或以休闲活动为主的广场、公园等，这些空间的道路布置宜“通而不畅”以防止引入区域外的人、车流量。

第三，空间场所出入口位置的选择。对于外部环境空间，场地布局时尤其要注意在减少对城市主干道上交通干扰的同时，充分合理地利用周围的道路，获得便捷的对外交通联系。同样，对于空间场所出入口位置的选择，设计规范中对此也有相应的规定。如人流密集的场地应至少有两个以上不同方向的出入口通向城市道路且应避免直接面对城市的主要干道交叉口。如果场地同时毗邻城市主、次干道时，应优先选择次干道一侧作为机动车的主要出入口。《城市居住区规划设计规范》规定，居住区应有至少两个主要出入口，区内主要道路至少应有两个方向与外围道路相连；机动车道对外出入口间距不应小于150m，人行出口间距不宜超过80m。《民用建筑通则》对于车流量较多的基地连接城市道路时有如下规定：①距大中城市主干道交叉的距离，自道路红线交点量起不应小于70m；②距非道路交叉口的过街人行道（包括引道、引桥和地铁出入口）最边缘线不应小于5m；③距公共交通站台边缘不应小于10m；④距公园、学校，儿童及残疾人等建筑的出入口不应小于20m；⑤当基地通路坡度较大时，应设缓冲段与城市道路连接。

第四，集散空间的设置。对于外部环境空间，一般通过步行道或广场来合流或分流不同方向的人行流量，以避免交叉冲突。在人流密集的建筑物主要出入口前，应设计供人流集散的空地，其尺寸及面积根据使用性质和人数确定；绿化用地不应影响集散空间的使用。

2.4.3 空间组合方式

空间可以分为单一空间和组合空间两种情况，但纯粹的单一空间几乎是没有的，空间一般都是以多空间的组合形式，或复合空间的形式而存在。所以空间设计的一个重要内容就是空间的组合。从功能的角度讲，各空间之间都不是孤立的关系，而是彼此关联的一个功能系统，组合关系的好坏直接影响到空间的使用功能。从精神要求讲，建筑空间的四维特性就是强调人在空间中的移动变化，从一个空间到另一个空间就必然要求空间之间的统一、连贯。空间组合的基本原则是方便快捷、合理有序、整体而有变化，要充分考虑空间的功能分区、交通组织、通风采光、景观需要以及建筑周边环境的条件限制等要素。总体而言，空间的组合方式大致可分为以下六种：

2.4.3.1 集中式组合

集中式组合是一种稳定的向心式的空间组合方式，它由一定数量的次要空间围绕一个大的占主导地位的中心空间构成。这个中心空间一般为规则形式，如圆形、方形、三角形、正多边形等，而且其大小要大到足以将次要空间集结在其周围。至于周围的次要空间，一般都将其做成形式不同，大小各异，使空间多样化。设计时可以根据场地形状、环境需要及次要空间各自的功能特点，在中心空间周围灵活地组合若干个次要空间，使建筑形式和空间效果比较活泼而有变化。

由于集中式组合没有方向性，因此入口的设置一般根据地段及环境需要，选择其中一个方向的次要空间作为入口。这时，这个次要空间应该明确表达其入口功能，以和其他次要空间相区别。集中式组合的交通流线可为辐射形、环形或螺旋形，流线都在中心空间终止。这种组合方式适用于体育馆、大剧院等以大空间为主的建筑（图 2-22）。

2.4.3.2 线式组合

线式空间组合实质上是一个空间序列，可以将参与组合的空间直接逐个串联，也可以同时通过线性空间来建立联系（图 2-23）。线式组合易于适应场地和地形条件，线既可以是直线、折线，也可以是弧线，可以是水平的，也可以沿地形变幻高低。当序列中的某个空间需要强调其重要性时，该空间的尺寸和形式要加以变化。也可以通过所处的位置来强调某个空间，往往将一个主导空间置于线式组合的终点。

线式空间中的各空间的功能、形状、尺寸相互可以是相同的，也可以是不同的。由于线式空间的特点是长，有方向性，有运动、延伸的意味，所以一般要注意它的连贯性和节奏感。它的起点空间和终止空间多半较为突出，有明显的标识。线式空间的方式在展览馆、博物馆、陈列室等建筑中较常用。

2.4.3.3 并列式组合

具有相同功能性质和结构特征的单元以重复的方式并列在一起，形成并列式空间（图 2-24）。这类空间的形态基本上是相似的，相互之间不寻求次序关系，根据使用的需要可以相互连通，比如医院、宿舍、旅馆等，通过一条廊道将这些空间串联起来，但也可

图 2-22　体育馆平面布局图

图 2-23　帕特考建筑事务所设计的“线性住宅”

不连通，比如住宅的单元之间。

2.4.3.4　组团式组合

组团式组合通过紧密连接来使各个空间之间相互联系，通常由重复出现的不同空间组成。这些空间具有类似的功能，并在形状和朝向方面有共同的视觉特征。组团式组合也可以在它的构图空间中采用尺寸、形式、功能各不相同的空间，但这些空间要通过紧密连接和诸如对称轴线等视觉上的一些规则手段来建立联系。因为组团式组合的图案并不来源于某个固定的几何概念，因此它灵活可变，可随时增加和变换而不影响其特点。一般幼儿

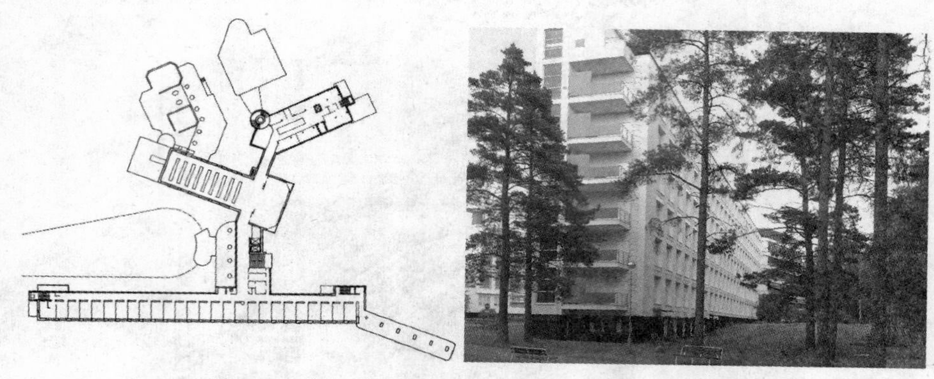

图 2-24 阿尔瓦·阿尔托设计的帕米欧结核疗养院

园、疗养院、图书馆等建筑的外部空间组合多采用这种方式。

组团式组合可以将建筑物的入口作为一个点，或者沿着穿过它的一条通道来组合其空间。这些空间还可以组团式地布置在一个划定的范围内或者空间体积的周围。

2.4.3.5 辐射式组合

辐射式组合是综合了集中式和线式组合的要素而形成的一种组合方式。它由一个主导中央空间和一些向外辐射扩展的线式组合空间所组成。辐射式组合向外延伸，与周围环境能够发生犬牙交错的关系。辐射式的中央空间一般是规则的形式，而向外延伸的线式空间可以功能、形式相同，也可以有所区别，突出个性。辐射式组合的适用性很强，而且建筑形体舒展，造型丰富。

2.4.3.6 网格式组合

网格式组合的空间位置和相互关系，通过一个三度的网格图案或范围而得到其规则性。两组平行线相交，它们的交点建立了一个规则的点图案，这样就产生了一个网格。网格投影成第三度，转化为一系列重要的空间模数单元。网格的组合力量来自于图形的规则性和连续性，它们渗透在所有的组合要素之中。网格图形在空间中确定了一个由参考线所连成的固定场位，因此，即使网格组合的空间尺寸、形式或功能各不相同，仍能合成一体，具有一个共同的关系。

在建筑中，网格大多是通过骨架结构体系的梁柱来建立的。在网格范围中，空间既能以单独实体出现，也能以重复的方格模数单元出现（图 2-25）。无论这些形式和空间在该范围中如何布置，如果把它们看作“正”的形式，那么就会产生一些次要的“负”空间。网格也可以进行其他的形变，某些部分可以避免偏斜以改变在该领域中的视觉和空间的连续性。网格的一部分可以位移，并以基本图形中的某一点旋转。网格能使场地中的视觉形象发生转化——从点到线，从线到面，以致最后从面到体。网格图形还可以中断，划分出一个主体空间或者提供一片场地的自然景色（图 2-26）。

2.4.4 空间组织的处理手法

2.4.4.1 空间的对比与变化

相邻的两个空间，如果呈现出明显的差异，可通过这种差异的对比突出各自的特点，

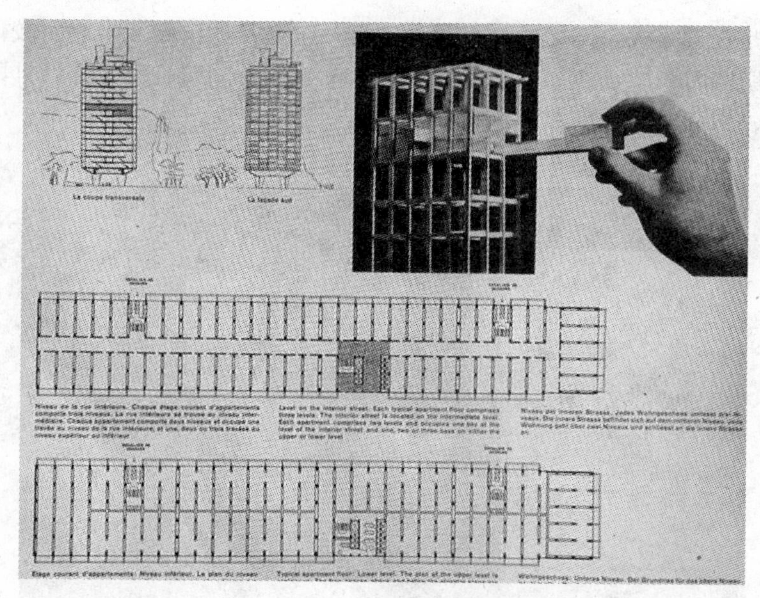

图 2-25 马赛公寓

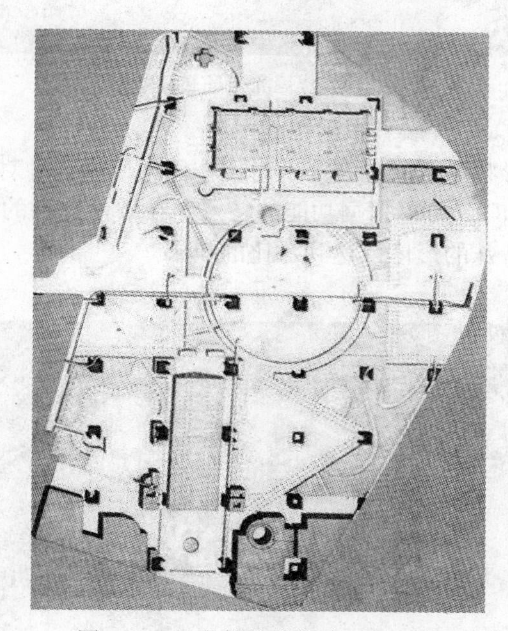

图 2-26 巴黎拉维莱特公园平面图

从而使人们从一个空间进入另一空间时产生情绪上的变化和新鲜的感觉。空间的对比可通过体量、形状、通透程度、方向等方面的对比来进行。

体量的对比。两个相连的空间，要是空间体量相差悬殊，那么由小空间进入大空间的时候，可以利用体量的对比关系使人视觉豁然开朗。在古典园林设计中经常使用“先抑后扬”的手法，其实质就是利用空间大小的强烈对比获得小中见大的效果（图 2-27）。一般常用的手法是在进入大空间之前有意识地安排一个极其狭窄的或者相对较低的空间，人们在通过这个空间时视线被压缩，接着进入高大的主体空间时，就会豁然开朗，觉得主体空间十分高大，引起情绪上的激动和振奋。

图 2-27　苏州拙政园

形状的对比。空间形状的不同也会产生对比作用，通过这种对比可以打破单调感，增加空间的变化性（图 2-28）。可以根据功能的特点，在条件允许的情况下在规则的形体中进行适当的改变，插入特殊的形体以达到对比的效果。

图 2-28　巴西议会大厦

通透程度对比。通透程度的对比就是开敞与封闭之间的对比。空间的通透程度会对人的感受产生很大的影响，如果有效利用这种对比效果，能使得空间更具有特色。一般情况下，经过封闭空间到开敞的空间会给人开阔舒畅的心理感受；相反，从开敞的空间来到封闭的空间则会让人感受到更多的安全感与私密性（图 2-29）。充分利用空间的通透程度的对比将使得空间各具特色。

图 2-29 西班牙 Toledo 街巷与广场的对比

方向对比。把空间纵横交错地组合在一起，利用方向的改变而产生对比的关系。纵的空间会显得深远，有期待感；横的空间则会显得舒展开阔。利用空间的对比与变化能够创造出更良好的空间效果，能让人保持一定的新鲜感，但不能盲目寻求变化，要有一定的规律与章法。

2.4.4.2 空间的重复与再现

重复可以让空间的组合产生韵律与节奏感，但是不适当的重复可能会让人感到单调乏味。如果把对比与重复结合在一起可以获得良好的效果。

重复运用同一种空间形式，并不一定要连接成一个统一的大的空间，而是可以和其他形式的空间相互交替穿插组合，如可以用廊道来连接空间。利用空间形式的重复出现或者变化交替，使人们在连续的行进过程中，通过回忆感受某一空间形式，从而产生一种节奏感，达到空间的再现。

还有一种使空间重复与再现的方式是选取某一形状作为母体进行空间组合。可以有意识地选择同一种形式的空间作为基本单元，并进行排列组合，利用大量的重复的某种空间形式取得所需的效果（图 2-30）。

图 2-30　“帕拉第奥母题”构图——维琴察的巴西利卡

2.4.4.3　空间的渗透与层次

人们通常比较喜欢通透开敞的公共空间。当人们所处空间中有虚面参与了对空间的围合时，即围合面中有部分开敞，人们的视线就能透过这些虚面到达另一个空间，那个空间中的景物犹如一幅动态的画面贴合在虚面上参与了对空间形态的创造。两个空间彼此之间相互渗透，丰富了空间的层次感。在大尺度的景观设计中，可以通过在适宜的位置上设置景物，在空间中体现出层次感，突出反映环境的壮观与深远。同时，合理的空间层次还能满足人们对空间的私密性、半私密性和公共性的划分需要。

中国古典园林在院落空间的设计中常在不大的外环境中创造深远的感受，以增加空间的层次。例如院落相套的四合院，利用进深与狭窄的开口进行对比，一重重隔而不断地相互渗透的内院加大了空间的进深感，突出了院落的深邃。中国传统建筑中常用的借景的手法就是典型的空间渗透（图 2-31），把别处的景物引到现有的空间里，实质上就是引导人的视线透过分隔的虚空间，观赏到层次更为丰富的景观。

在建筑内部空间的设计上，由于现代建筑框架结构应用广泛，为分隔空间的自由与灵活性创造了极为有利的条件，各个空间相互连通穿插渗透，呈现出丰富的层次变化。

空间渗透的形成关键在于围合面的虚实设计，没有面的围护和领域的形成，就不会产生空间层次。如果围合面过于实体化就难以在空间之间产生渗透的感觉。因此，获得空间的渗透与层次感可以利用以下几种方法，采用何种方法来丰富空间的层次感，还要考虑到空间之间的关系以及需要实现的环境效果。

用点式结构来分隔空间。线状的实体隔断会给人的视线造成阻隔，而利用点的结构排列既分隔了空间，视线也能得以延续，空间之间保持了强烈的流通感。例如，雕塑、喷泉、行道树等都能形成虚中带实的围合面，以丰富空间的层次感。

用玻璃等透明材料来分隔空间。利用透明材料围合空间，视线不会受到任何阻碍，可以保持视觉上的连续性。例如，使用大面积的玻璃来分隔室内外空间，让人们在室内就能感受到室外的自然景色，保证了空间之间的渗透与流通。

图 2-31　中国古典园林借景手法

用透空的隔段来分隔空间。一般采用墙上开洞口、镂空栏杆等形式来透空线型隔断。例如，传统居室中的屏风，既分隔了空间，又能起到装饰的作用。也可利用如牌坊、建筑底层架空，在有效地划分空间的同时，实现视线的相互渗透，增加了空间的层次感。

实边漏虚。分隔面由实体构成，但在周边漏出一些空隙，虽然不能直接看到另外一个空间，但在某种程度上具有引导性，暗示着另一个空间的存在。

2.4.4.4　空间的引导与暗示

人们在组合的空间中行进，由于有的空间处于显眼的位置，有的则处于隐蔽的位置，难以同时感受到整个空间序列的全貌，这就需要在环境空间设计中采取具有引导或者暗示性的措施来对人流进行引导，使人可以循着一定的途径到达那些不太明显的区域。

在设计中为了避免开门见山、一览无余，可以有意识地将趣味中心放在比较隐蔽的地方，通过某种引导和暗示产生柳暗花明又一村的效果。空间的引导与暗示应处理得自然巧妙且含蓄，能使人在不经意间按照一定的方向与路线从一个空间逐步走入另一个空间，增加空间的趣味性。其具体的设计手法有以下几种：

借助楼梯或踏步，暗示出另外空间的存在。楼梯和踏步都具有很强的引导作用，尤其是一些宽大开敞的直跑楼梯空间。在同一层空间内，稍微制造一些地面高差，并且利用踏步来引导空间是十分有效的手段。尤其在有转折的空间，在空间衔接处设置几个踏步，引起人们的注意，可以起到很好的暗示作用。例如，商场里的电动扶梯和楼梯能有效地将人流引导到上层空间。美国拉斯维加斯城市的街道上，常有一些电梯直通建筑内，迅速而方便地将人流引入建筑内部（图 2-32）。

利用曲墙引导人流到达另一个空间。根据人的心理特点，人们面对弯曲的墙面会自然产生一种期待感，希望沿着弯曲的方向行走、探索，发现某个确定的目标。因此常见的空间引导的处理手法之一是利用弯曲的墙面把人流引导向某个方向并暗示另外一个空间的存

图 2-32　美国拉斯维加斯城市景观

在，这种方法的特点是方向感与动感都很强烈。

利用空间的灵活分隔，暗示另外空间的存在。自由分隔的空间追求的是一种连续运动的效果，一般不会把空间限定得很死，空间之间相互连通，只有象征性的分隔，具有很强的流动性。利用人们抱着期望的心态，有意识地处理空间关系，让人在一个空间中就能预感到另一个空间的存在，从而引导人在空间中的流动。

利用空间界面的处理产生引导性。通过点、线、面要素的组织形成方向感与运动感，引导人流。特别是线要素具有十分强的方向性。这种方法常用于室内空间方向的引导，如在观演类空间中常在地面和顶面上用线条形成强烈的方向感，又如在宾馆内常常铺设地毯，形成方向感，很自然地把客人引导到目的空间。

2.4.4.5　空间的秩序与节奏

人从一个空间到另一个空间的运动过程包含着两个方面，即随着运动在空间和时间上的变化。空间秩序的组织就是把空间的排列和时间的先后有机地结合起来，让人们不仅可以在静止的空间环境里获得良好的映像，更让人在运动的过程中能够体验到空间的节奏变化，最终感受到一个统一有序、既协调一致又充满变化的空间。

空间的秩序应该以人的活动过程为依据，并且把每个空间作为相互联系的整体来考虑。因此为了组织空间秩序，我们要了解人们的活动规律性或者行为模式。人的行进是一个连续的过程，所以空间变化的展现也保持着连续的关系。当三个或三个以上的空间进行组合时，常使用序列组织的手法，即沿主要人流路线逐一展开空间，形成有起伏，抑扬顿挫，有重点和高潮的序列，引起人们在情绪上的共鸣。

建筑外部环境空间的序列设计可分为两种基本的模式，一是同一层次内的序列设计，二是不同层次的序列设计。前者通过空间之间的对比、协调形成有序的、完整的形象，而后者更强调序列的单向性，各有侧重。例如，在步行街安排同一层次内的空间序列，需要考虑从街道深入某一个休闲场地的空间层次变化；从城市公共环境进入居住小区，再到宅前庭院，最终进入室内，这个过程中不同层次空间领域变化显著，在设计中应充分体现这种层次的序列变化。许多空间的组织两类空间序列都涉及，需要综合全面地考虑。只有两类空间序列相互编织，彼此既相对独立又相互合作，才能为空间中运动着的人们创造更丰富的空间序列。

此外，空间秩序的组织必须具有导向性。所谓导向性，就是利用某种建筑处理的手法来引导人们进行具有方向性的行动。人处在一个空间中，被空间序列牵引，能够知道下一步走向哪里，就会有较好的空间体验。这需要运用形式美学中的各种韵律图案，将其转化为建筑空间语言作为空间导向性的信息进行传递，给人指明行动路线。如利用列柱、装饰物等连续排列的物体引起人们的注意力并不自觉地随之移动；或利用具有方向性的图案，结合墙面和地面的装饰处理，暗示或强调人们的行动方向。

2.4.4.6 空间的衔接与过渡

一个空间与另一个空间相连接涉及空间的衔接和过渡问题。如果将两个空间以某种简单化的方式直接相连，会让人感到过于突然或者单薄，特别是在两个大空间之间，给人的空间体验就会缺少趣味，显得很平淡。两个空间连接时应充分考虑到人从一个空间到另一个空间时所产生的心理感受和在使用功能上是否便利。

两个被连接的空间往往在功能、性质上都相差甚远，从而在空间的形态、气氛上也会有较大的差别。要解决这种差异所带来的突变，就要考虑利用增加过渡空间来缓冲和调和，或者制造出起伏的节奏感。缓冲与调和需要在不同的空间中发掘出共性，在统一的前提下用个性化的方式去衔接两个空间。一般来说，过渡空间的设置具有一定的规律性，常常起到功能分区的作用，例如在动静分区会利用过渡地带来分隔。

内外空间之间也存在着一个衔接与过渡的处理问题。为了能让人从室外进入室内时不产生过分突然的感觉，就要在两者之间安排一个过渡空间，例如广州的骑楼，这种空间形式不仅有功能作用，还丰富了建筑的外形，起到了很好的过渡作用（图 2-33）。

图 2-33　骑楼作为建筑内外空间的衔接

2.4.4.7　空间中的焦点

空间中的焦点是构成空间形态的重要因素。人们通过对焦点的注视，能够加深对整个空间形态的理解。在景观设计中，空间中的焦点是那些容易吸引人们视线的环境要素。各种要素都可以成为空间的焦点，如雕塑、小品、地面铺饰的图案等。当这些要素居于空间的中心时，能使整个空间产生向心感；当它们位于空间的一侧时，则能在空间中形成方向性。例如，广场上的钟塔、位于道路尽端的雕塑，都能通过引导视线而产生统领空间的方向感（图 2-34）。

图 2-34　华盛顿方尖碑

在空间焦点的设计上有两点是很重要的。一个是焦点形态的设计。作为空间的焦点，其形态必须是突出的，或造型独特，或体形高耸，或具有高度的艺术性，或经过了重点装饰，总之该环境要素应该成为空间中最引人注目的主角。其二是位置的选择。一般将焦点设置在空间的几何中心，或是人流聚集处，这类位置能使其受到更多人的注视，成为环境中的趣味中心，从而对空间形态的构成发挥更大的作用。

2.4.5　景观设计的空间组织案例

2.4.5.1　墨尔本市政广场

不管是建筑内部空间还是外部空间，最常用的空间组织方法就是根据空间的用途和功能来对其进行组织。澳大利亚墨尔本市政广场是 1976 年按照改建规划竞赛中的获奖方案建造的。整个广场主要分为六个部分。广场正面靠剧院侧墙位置建起了玻璃大拱廊，廊内植有花木，为市民购物、休息提供场所。中央较大的开阔区域可供庆典、狂欢活动使用。更为有趣的是广场的四个角分别设置了亲切宜人的小空间。其中一处的功能为半露天剧场，可容纳 300 多人。一处为下沉广场，设有叠泉景观。另两处以树木、花坛围合，供临时性的展览或游人休息使用。在 0.6 公顷的广场中包含了庆典、狂欢、剧场、展览、休息、购物等不同功能的区域，且都具备了十分宜人的环境条件，使广场气氛活跃，生活气息浓郁，深受市民的喜爱（图 2-35）。

图 2-35 墨尔本市政广场

2.4.5.2 严岛神社

严岛神社创建于 593 年前后，位于日本广岛县严岛上，是一座建在海上的古老神社（图 2-36（a））。严岛神社修筑于濑户内海海滨的潮间带上，神社前方立于海中的大型鸟居（日式牌楼）是被称为“日本三景”之一的严岛境内最知名的地标，它与有着红柱、白壁的神殿与周围的绿色森林、蓝色的大海相映生辉。

严岛神社建筑风格庄严华丽，布局考究，20 多栋建筑物以红色的回廊连接，以正殿为中心，分别有客神社、门客神社、大国神社、天神社等各殿，在此之间还设有朝座屋、高舞台、乐房、能舞台等。耸立在海上的“大鸟居”将人们从宽阔的濑户内海引入平舞台，再到高舞台，最终进入庄严华丽的宫廷文化的世界里，完成了从外部空间、半外部到建筑内部空间的空间序列组织（图 2-36）。

2.4.5.3 居住小区的空间组织

在城市空间组织中，轴线常被用来组织其空间序列。在居住小区中也常常使用轴线表达其空间走向，一些小区通过轴形成明显对称的基本形式。作为一种基准，轴确定了居住小区形态的主要结构次序和主体及其伸展方向（图 2-37）。我们可以根据环境形态、功能内容等方面来作为确立轴的基准。

环境形态。居住区的空间环境形态是一个连续的系统，所以居住区轴的设计必须结合该地区的区域形态和自然环境的特征，以保持该区域整体空间形态的连续性。建立居住区轴线首先需要考虑的重要因素是其所处基地原有的形态特征，让小区的空间规划结构融入整个区域的整体环境次序中。除了顺应自然形态的特点以外，还可以利用其特点进行构思，与自然界中不规则的形态形成对比。以滨水居住区为例，其轴线就应顺应水岸线的自然特征而建，不仅有利于保护基地固有的形态特点，还能形成良好的景观序列与动态效果。若在历史城市地段中，就应从历史文脉出发，找出轴线结构形态发展的线索。

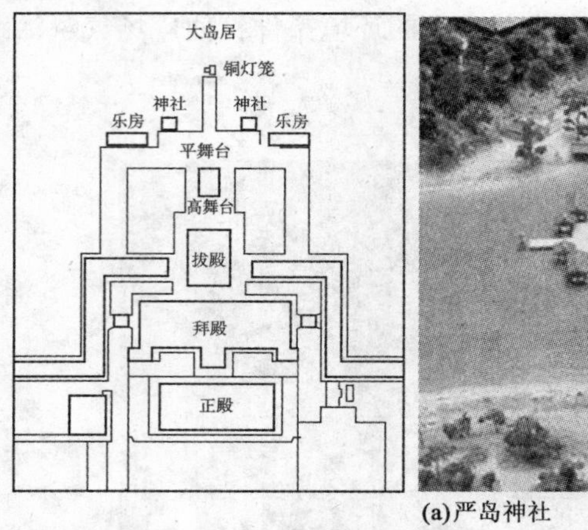

(a)严岛神社

(b)严岛神社

图 2-36

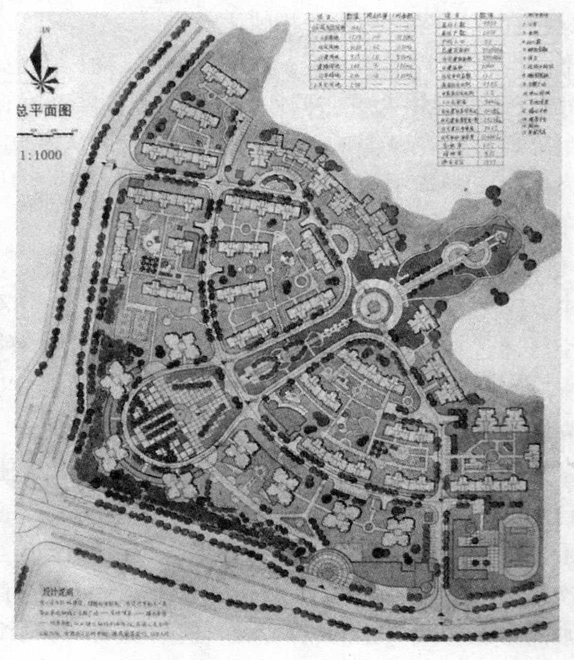

图 2-37　居住区规划设计图

功能内容。居住小区是居住功能的物质载体。小区结构次序表现为居住功能、日常生活活动的有序化，轴线结构就是达到这种有序性的基本表现形式。小区结构可以通过轴线及其衍生结构组织其多变的功能序列。

【本章思考题】

1. 结合具体景观设计案例，阐述其基本设计要素的运用。

2. 结合具体景观设计案例，阐述其空间形态的组成。

3. 如何理解人的尺度与环境尺度的关系。

4. 如何理解心理因素对环境尺度的影响。

5. 选择你熟悉的步行街，以本章空间组织的有关内容分析其功能空间组织和空间组织方式。

6. 以某一中式园林为例，阐述其使用了哪些空间处理手法进行空间组织。

第三章　景观设计实践

【本章要点】

1. 设计思考过程包括前期准备阶段、方案构思阶段以及方案草图阶段。

2. 景观设计的成果形式包括平面图、立面图、剖面图、轴测图、透视图、模型以及三维动画。

3. 景观设计的表现形式有徒手表现、借助电脑表现、通过图册和展板展示等。

4. 景观设计程序总体上可分为设计准备、方案设计、扩初设计、施工图设计和设计实施等五个阶段。

【本章引言】

设计表达是设计师将自己的思维过程通过一定的媒介传达出来，是景观设计实践的重要环节；其不仅是对设计作品的展示，也是设计师之间、设计师与甲方进行交流、沟通的重要语言工具，体现了设计师的知识结构、艺术修养、技能水平等综合素质。因此，一名优秀的景观设计师，在设计草图中获得灵感、掌握表达的最新技能是不可或缺的。除此之外，景观设计师还必须清楚掌握设计工作的程序。由于景观设计工作中涉及甲方、设计师、政府部门等多方面，是一项系统工程。确立好工作程序，明晰各个阶段的工作任务，对设计工作的顺利推进起到重要作用。

3.1　景观设计的表达

【本节引言】

景观设计方案的最终形成离不开设计师的思考和表达，因此设计师的思考过程是至关重要的。一般来说，景观设计思维由思想观念、理论支持、艺术素养、创作个性等几方面构成；应从整体与局部、立意与表达等方面进行思考。方案表达是景观设计实践另外一个重要环节，优秀的设计表达能够充分传达设计师的思维过程和设计意图，反映设计师的综合素质。

3.1.1　设计思考过程

3.1.1.1　设计思维

景观设计思维要素构成包括思想观念、理论支持、艺术素养和创作个性。

思想观念。设计师的思想观念不是对客观现实的机械反映，也不是简单、重复的映像，而是对客观事物再造的能动过程，其中就有主体对客观世界的认识过程。由外部移入的观念和由主体自己总结出来的经验经常发生矛盾，尤其是思维方式在定型后就会更加明显。但观念和经验却是主体统一的思想观念的两个方面，共存于头脑之中。外来的成分是构成思想观念的主要部分，远远超过设计师自己概括的思想。设计师的思想观念受到特定的历史文化、时代特征以及设计师自身的阅历与精神特点的共同影响，因此形成了设计师不同的思想观念体系，其包含着设计师的认识观、审美观和伦理观。思想观念决定设计的思维方式，而思维方式的不同则会导致创作的设计的物在表达上存在明显的差异，思维与创作两者相辅相成、不可分割。

我们自身的经验很容易与外部植入的观念发生冲突或者矛盾，尤其是设计师个人的思维方式在定型后显得更为明显。设计师个人的思维决定着思想观念的深化与改进，所以我们应该学会适当地选择取舍。随着现代化社会分工的精确化，社会结构的复杂化等现实因素，单一的思维方式并不能适应时代与设计发展的需求，我们只有不断更新自己原有的思想观念，将思维变得开放多元，才有可能去解决更多设计遇到的问题。

理论支持。设计师除了需要设计的思想与灵感，同时也需要设计的理论支持。若一味地沉溺于个人风格而缺乏理论指导，所做出来的设计只能是空中楼阁一样不堪一击。在设计界存在一些现象，如一味地片面模仿所谓的前卫新潮的花样，以为拥有了几个新元素便能成为一个好的设计，事实上这种缺乏思考的生搬硬套是极其不好的行为，缺乏踏实、认真的理论研究。一个好的设计思维是需要与理念不断磨合才可能转为自己的创作理念的；在抽象理论形成之前，必要的实践与探索是必不可少的。而这样的实践产生经验后，新的理念才有可能成为新设计的依据，从而丰富设计师的思想。这种将外在抽象理论转化为内在观念的过程需要设计师将抽象形态的理论纳入到自己的领域中，提取与自己领域密切相关的信息，再将其具体化并与自身知识进行结合。

艺术素养。景观设计并不是单一的、孤立的创作活动，而是很多学科的交集，与人文、社会、心理、美学、哲学等领域都有着千丝万缕的联系。景观设计需要面对和处理的是人与人、人与环境的关系，与设计师的艺术素养直接挂钩。一个具有文艺素养的景观设计，不仅让人感到舒适，更让人与环境和谐地相处。艺术素养的提高有很多的途径，但总体上不外乎多看书、多涉猎相关知识领域，多吸收现成的高品质的艺术作品和文艺理论。另外，多在实践中有意识地提高自己的文化修养、艺术素养，这个过程需要通过长期坚持不懈的努力。

创作个性。在很多设计千篇一律的今天，注重个性，注重设计的差异的趋势越来越明显。20世纪60—70年代的现代主义建筑及国际式风格的建筑语言，使得一个个城市及地区变得越来越相似，我们难以感受到城市的特点，找不到城市的差异与区别。这种以人的自然属性和个性为代价的“创作”，在20世纪80年代走向死亡。今天，人们更为关注建筑及环境的个性和品位的塑造。但是值得注意的是，个性并不是博人眼球寻找刺激，我们鼓励的是有文艺素养的突破，有积极意义的创作个性，反对那些仅为个性的盲目设计。

一个具有创作个性的设计，一定是结合了自己独特的思想观念，具有一定的理论依据，包含着文艺素养。设计师只有控制协调好这些可变的因素与环境本身不可变因素，努力抓住自己作品的精髓部分，从而才能更好地将自己的创作个性表现出来。

任何一个设计作品都不可能是完美的，即使是一个非常成功的作品也是在经过了不断推敲、完善后不断地接近更适合的完美。在景观设计的思考过程中，首先应从以下几个方面出发：

整体与局部。就整体与局部的关系而言，一般应该做到大处着眼、细处着手。学会放开思维，也需要收敛设计。整体是由若干个大大小小的局部所组成，在景观设计思考的过程中，首先应该对整个设计任务具有全面的构思与设想，对全局有一定的了解与把握，然后才能开始进行深入调查、收集资料，掌握必要的资料和数据。而从局部来说，结合基本的空间尺度，从人体尺度、人的行为流动线、活动范围和特点等方面进行反复推敲，使局部能很好地融合于整体，达到整体与局部的完美统一。如果忽略整体只重局部，将使整个设计变得支离破碎；若忽略局部，也会使设计变得平淡无味而且缺乏特点与底蕴。

内与外。景观设计的“内”，更多表现在设计区域内的环境；景观设计的“外”，指设计基地周边的环境，它们之间相互依存互相影响。在进行设计的过程中，需要从内到外，从外到内反复协调统一，使内外整体风格一致，才能使方案趋于完善和合理。

立意与表达。可以说，立意是设计的“灵魂”。设计的难度往往在于一个好的构思，有了好的构思和立意才能更有针对性地进行设计。一个设计要站住脚，不在乎它的造型有多么奇特，而是在乎它自身包含着的设计底蕴是否能打动人，感染人，是否具有时代的特点，是否具有独特的立意。有了好的立意，更需要完美出色的表达，这是对设计师的综合素质的考验。景观设计中，设计正确、完整、又具有表现力，对于表现设计师的构思与意图很重要。所谓好的开始，是成功的一半，能使甲方或者评审人员能够通过图纸、模型、文案等准确地了解设计师的创作意图是最关键的，它直接决定着设计是否征用的最终结果。总而言之，好的设计需要好的立意与表达，需要内涵与表达的统一，相得益彰。

3.1.1.2　设计思考流程

一个景观的设计方案总是要经历从无到有，逐步完善的过程，设计思考方法贯穿在这一全过程中。包括前期准备、方案构思和方案草图。

前期准备并不涉及方案思考，却对设计思考过程起着重要的作用。前期准备主要是对方案的一些初步的感知与认识，如了解受众群体、方案的性质。此时需要思维和灵感不断地跳跃和碰撞。这是设计者在进入构思创意阶段的必要环节，即对工程项目有一个宏观的总体认识与把握，这是导向正确的设计定位的必要基础。这个阶段要注意信息及材料收集的广度与深度，因为只有对项目的认知达到了一定的广度，设计者才能抓住所要考虑问题的关键点。在准备阶段的信息及资料的收集要注意其直观性和多样性，从而对项目有一个主体思维视角的把握。根据资料及信息的表达方式不同，可将其分为文字、图片、录音等形式，并为后面的调研与资料搜集做准备（图 3-1）。

针对不同类型的设计，从不同的着重点开始进行调研分析。调研过程中，需要对所在场地进行更深入的了解，并记录下调研遇见的问题和感想，并按照相对应的类别进行分类。例如，如果是室内空间的设计，就要对室内的大小，以及室内方案设计的一些规范要求进行必要的了解，对室外的空间的设计，就要对场地的大小，以及室外施工的一些规范要求，进行必要的了解，甚至要考虑的法律的因素，譬如防火规范等。

在经过了前期充足的调研以后，也得到了关于方案的很多资料，根据方案与任务书的要求，还需要翻阅大量的图书资料以求启发设计师的灵感和创意，我们应该对调研搜集到的资料进行一定的区分和整理，筛选出关键的信息点，如设计的类别应该突出的重点以及

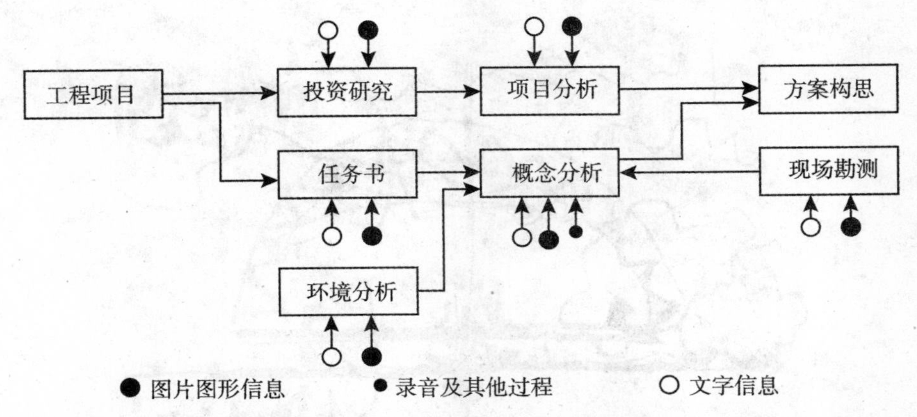

图 3-1　准备阶段的一般过程及工作图解

特色是什么，为下一个阶段的设计工作做准备。

方案构思是设计思考过程中的初始阶段。在这个阶段，活跃的思维让灵感不断跳跃，这些灵感可能是具体的形态，也可能是一个抽象的图案，或者，仅仅只是一种朦胧的、不确定的感觉。通过思考，分析灵感、构造灵感，评价灵感等手段把我们对方案的思维通过一种相对物化的形式凝固到纸面上。很多情况下，这种“物化”出来的结果是一种非常简洁、抽象化的图形或者符号，而往往这个符号或者图形有很多种解释，这是设计师在思考中思维不受特殊因素束缚的原因，而且虽然解释有很多种，但是不会因为线条或者一些简单的图案而产生歧义。通过这些思考后的灵感，我们大概可以得出方案的一个比较初始的雏形。或许缺乏一些文字的叙述，因为文字符号很大程度上是收到词汇的一些约束，思考的过程是随性的、快速的，而图像符号更为直观地表达出设计师内心想要的感觉。

在做好充分准备工作和有了初步方案构思后，需要把分析和构思的成果落实为具体的设计，并要考虑其合理性，即形成方案的草图（图 3-2），完成从物质需求到思想理念再到物质形象的质的转变。

利用形象思维来对方案进行构思是最能突出表达创造力与展现力的，而它所呈现的思维方式并不是单一的、固定不变的，而是开放的、多样的和发散的，是不拘一格的，因而常常是出乎意料的。这种形象思维就是在形成方案草图的过程中，设计师常常使用的图解思考的方法，这也是设计思维的重要组成部分。由于设计师进行设计的过程可以说都是与图形、图像打交道的过程，所使用的表达方式就是图形和图像。设计师在工作中不仅用图像来进行叙述，而且用图像进行思考，将那些与方案相关领域的知识与创作时产生的灵感有机整合与直观表述出来。同时，这种利用图解的思考帮助了设计师以图会意，并要求使用大脑的各种能力相互的协调工作——分析、综合、提炼，并赋予情感。用图像进行解析将会通过对现实的理解不断加深的方法形成一种对形象世界的知觉，同时也将会培养和建立一个人在分析和直觉上的绘图技能与能力方面的自信心，这种用图形方式进行分析的过程，就是图解思考的过程。

景观设计的方案形成是一个边设计边思考的过程。方案草图的形成是设计思维的重点

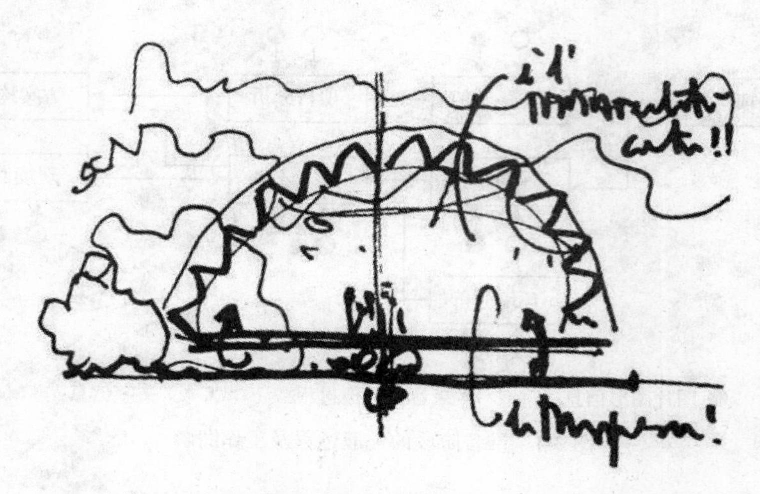

图 3-2　建筑大师伦佐·皮亚诺（Renzo Piano）草图

和核心部分。在这个阶段中，从方案内容立意到空间造型的选择，都需要经过设计师合理的分析、思考、交流。可以说，方案草图的质量好坏会直接导致最终方案的科学性、合理性，也是决定设计成功与否的关键。一个优秀的景观设计作品将给人们带来很大的感染力乃至震撼力，而在方案草图这个阶段，可以形成不仅仅一个方案，一般是形成多种方案进行对比，利于后期的比较、筛选、综合出最适合的方案。

接下来对构思方案的深化与调整阶段，其主要任务是解决多方案分析、比较过程所发现的矛盾和问题，并设法弥补设计中产生的缺陷。设计师要做到掌握全局就必须依靠思维草图对设计方案进行预先的验证，使设计方案中原先抽象的概念图解变成更为具体、更实在的图像，让设计更具有现实的意义，并兼顾到可实施性、合理性。这些都要一一按照设计要求和相应的规范和要求进行必要的调整和修改，也可能在修改的过程中以此为基础产生新的构思。

最终完善阶段的思考也不是随意的；而是经过深思熟虑把之前的构思图、方案草图进行相互比较修改，选择出最适合的方案，再用艺术绘画的语言将其完美表现出来，并且保证空间里一定的美感和意境。

3.1.2　景观设计的成果形式

3.1.2.1　平、立、剖面图

景观设计最基本的成果形式是平面图、立面图和剖面图。平面图是将地面上各种地物的平面位置按一定比例尺、用规定的符号缩绘在图纸上，并注有代表性的高程点的图。立面图是建筑物、构筑物等在直立投影上所得的图形。剖面图是假想用一个剖切平面将物体剖开，移去介于观察者和剖切平面之间的部分，对于剩余面图的部分向投影面所做的正投影图。

平面图（图 3-3）、立面图（图 3-4）是景观设计与施工中最常见的一种设计表达方

式，它是根据平行投影的原理形成的表现方法。其优点是可以准确地表现出空间对象的形状、尺度和比例关系，包括设计的交通流线以及布局等，甚至水平和立面的分隔方式、空间的组合关系、门窗的大小形状和位置等。但是，这种方式的不足之处在于，它仅仅是处于二维平面的，局限了人们思考，同时也不足以反映三维空间的关系，而三维的空间又恰恰是建筑设计、景观设计的核心。有很多设计平面很出彩，但是立面上的处理较差。因此在方案设计中，不要只注意平面的美观，应该注意平面和立面是一个整体，要同时考虑。

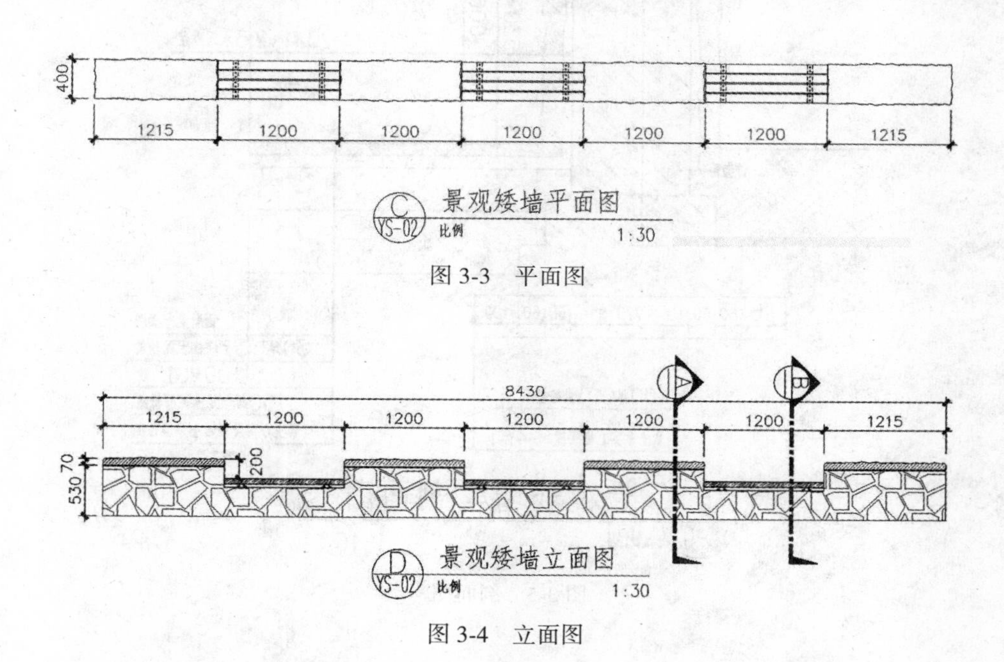

图 3-3　平面图

图 3-4　立面图

剖面图是在平、立面图的基础上对空间的进一步讲解和表现的图例。剖面图能表明空间的尺度、光照、空间的特征以及对空间的感受。虽然它不能表现三维空间，但是比平面图更能表达人与空间的关系。其不足之处是必须依赖特定的剖切面，而且表现的是局部的空间状况，不能够全面地反映整个空间的关系。因此，必须要有多个剖面图才能表现一个完整的环境空间（图 3-5）。

3.1.2.2　轴测图

轴测图是用平行投影法将空间形体和确定其位置的空间直角坐标系投影到投影面上得到的图形。它是一种单面投影图，在一个投影面上能同时反映出物体三个坐标面的形状，并接近于人们的视觉习惯，形象、逼真，富有立体感。但是轴测图一般不能反映出物体各表面的实形，因而度量性差，同时作图较复杂。因此，在工程上常把轴测图作为辅助图样，来说明机器的结构、安装、使用等情况，在设计中，用轴测图帮助构思、想象物体的形状，以弥补正投影图的不足。轴测图是一些设计师偏爱的表现手段，它的长处是方便、简单、好操作，同时它又能表现类似透视的关系。比起平面图，它表现内容要似乎更多一些。但缺点也很明显，因为它的视点是非常态的（图 3-6）。

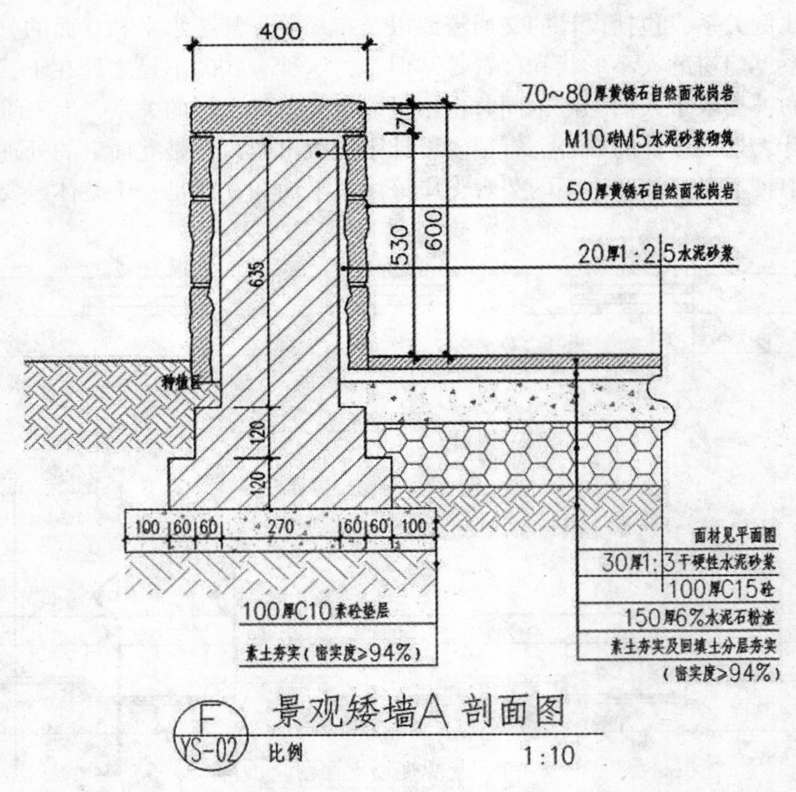

图 3-5 剖面图

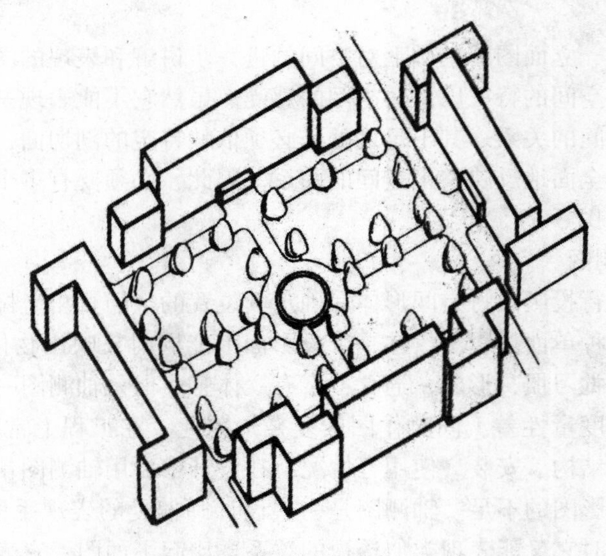

图 3-6 建筑轴测图

3.1.2.3 透视图

透视图是一种非常直观的设计表现手段，具有很强的表现力。它用三维透视的原理能比较真实地反映空间的状况及空间的环境气氛，能让人们更有代入感。使用透视图也比较容易与客户或委托方进行交流和沟通。透视图的缺点在于，由于它的视点是固定不动的，因而图面上只是某一个角度所表现的空间效果，不能反映整个空间的其他角度。再者，由于透视图是根据透视缩短的原理进行制图的，容易造成较大的变形，并不能作为施工的依据，而更多的是作为表现图给客户或委托方进行审查方案或者用于项目的广告宣传。另外，透视图的制作要耗费大量的时间，且需要较高的绘制技巧。现代计算机技术在设计领域内的运用，使得过去难以胜任的工作变得轻而易举。许多建模软件功能日趋强大，只要建成一个三维模型，就可以做全方位的改变方向，在任何一个角度都可以形成透视图，使得透视图的绘制变得极为简单和方便（图3-7）。

图3-7 成角透视图

3.1.2.4 模型

模型是采用比较客观、真实的手法将空间对象的各种关系表达出来，如空间的形状、体量、组合、分隔、门窗以及与环境的关系等（图3-8）。

模型按照用途可分为两类。

第一类是工作模型，是在设计过程中方案推敲、修改时使用的，制作比较粗糙。在设计中，设计方案和制作工作模型可以交替进行，相辅相成；可以从方案的平、立、剖面草图开始，根据草图制作模型，也可以直接从模型入手，利用模型的移动和改变进行方案构思和比较，然后在图纸上做平、立、剖面图的记录。如此，通过草图和模型的不断修改和往复，达到方案的最后完善。工作模型能够及时地把方案设计的内容以立体和空间的方式形象地表现出来，具有更为直观的效果，从而有利于方案的改进和深入。工作模型的材料应尽量选择易于加工和拆改的材料，如聚苯乙烯块、卡纸、木材等。其制作不必十分精细，且应易于改动。结合空间造型设计进行简易模型制作，能够培养学生的想象力和创造力，打下空间构图的基础。

第二类是正式模型，是展示用的，多在设计完成后，制作精细。正式模型要求准确完整地表现方案设计的最后成果，要求具有艺术表现力和展示效果。模型表现可有两种方

图 3-8　建筑模型

式：一种是以各种实际材料或代用物尽量表达室内的真实效果。另一种是以某一种材料为主，如卡纸、木片等，将实际材料的肌里和色彩进行简化或抽象，其优点是能够促使学生把主要精力集中在空间关系处理这一基本训练要点上，不为单纯的材料模仿和繁琐的工艺制作耗费过多的时间。

模型制作常用的材料有：①油泥（橡皮泥）、石膏条块或泡沫塑料条块，多用于设计用模型，尤其在城镇规划和住宅街坊的模型制作中广泛采用；②木板或三夹板、塑料板；③硬纸板或吹塑纸板，各种颜色的吹塑纸用于建筑模型的制作非常方便和适用，它和泡沫塑料块一样，切割和粘结都比较容易；④有机玻璃、金属薄板等，多用于能看到室内布置或结构构造的高级展示用的建筑模型，加工制作复杂，价格昂贵。

3.1.2.5　三维动画

三维动画在建筑设计领域的推广，使得设计的表现手段得到了很大程度的提高。当建筑空间是三维的立体空间加上时间形成了四维空间关系，在叙述方案的时候，也会给人最直接的视觉感受。因为三维动画可以用连续视点的方式，时间加空间，会使人非常真实地感受到空间的完整效果，产生身临其境的感觉。

3.1.3　最终成果的表现

景观设计最终成果的表现形式分为徒手绘图、电脑表现、图册与展板表现等几种形式。

3.1.3.1　徒手绘图

徒手绘图是一种不用绘图仪器和工具而按目测比例和徒手画出图样（图 3-9）。当绘画设计草图以及在现场测绘时，都采用徒手绘图。徒手草图应基本上做到：图形正确，线形分明，比例均匀，字体工整，图面整洁。画徒手图一般选用 HB 或 B、2B 的铅笔，也常在方格纸上画图。随着科技的发展与硬件的提升，如今也可以借助数位板等工具，在电脑上进行绘制。值得一提的是，传统的徒手表现方式有着很强的艺术性，更易于设计师进行设计构思、带来创作灵感，是计算机辅助设计所不能替代的。

图 3-9 石门古镇景观设计手绘表现

3.1.3.2 电脑表现

随着科技发展，景观设计过程中均有计算机的辅助，最终成果基本上都使用电脑表现，常用的电脑软件包括 Auto CAD、3D Studio Max、Photoshop、Google Sketchup、Lumion 等，在此对其进行简要介绍。

图纸绘制软件 Auto CAD。AutoCAD 是由美国 Autodesk 欧特克公司于 20 世纪 80 年代初为微机上应用 CAD 技术而开发的绘图程序软件包，经过不断完美，现已经成为国际上广为流行的绘图工具。AutoCAD 具有良好的用户界面，通过交互菜单或命令行方式便可以进行各种操作。它的多文档设计环境，让非计算机专业人员也能很快地学会使用。在不断实践的过程中更好地掌握它的各种应用和开发技巧，从而不断提高工作效率。

在方案设计中，常运用 CAD 软件进行方案推敲和制作图纸。例如，可在 CAD 的平面中进行建筑跨度、层高、间隔等多次空间划分，采用从整体到局部的方法进行方案的推敲，最终确定方案（图 3-10）。

空间划分的方案最终采用了曲线风格的空间形式，但仍有不足的地方。由于设计方案不是一气呵成的，需要反复推敲、反复修改，这时 CAD 的修改功能就发挥了很大的作用。相比之下，徒手绘制在方案修改时需要新绘制整张图纸，且不易保存。对 CAD 图进行修改时，只需选择要改动的部分进行修改，其他部分不需重新绘制。CAD 的一大特点就是简单易学，规矩严谨。此外，图块的运用能够提高工作效率，如布置家具或树木；巧妙地利用图层与布局，也方便了对线条与图块的管理，能让设计效率得到提升。

当然 CAD 绘图过程中也有不足，如 CAD 需通过鼠标、数位板等工具绘制，其灵敏的程度和与大脑的配合度不如现实中的笔来得顺手，绘制也缺乏顺畅，所以对思维有一定限制。

绘制效果图软件 3D Studio Max。3D Max 系列产品是美国 Autodesk 旗下 Discreet 公司的杰作。它在建模、渲染、角色动画制作等方面表现出色，目前被广泛应用于建筑效果图制作、室内效果图制作、工业产品设计、游戏和动画制作等领域（图 3-11）。

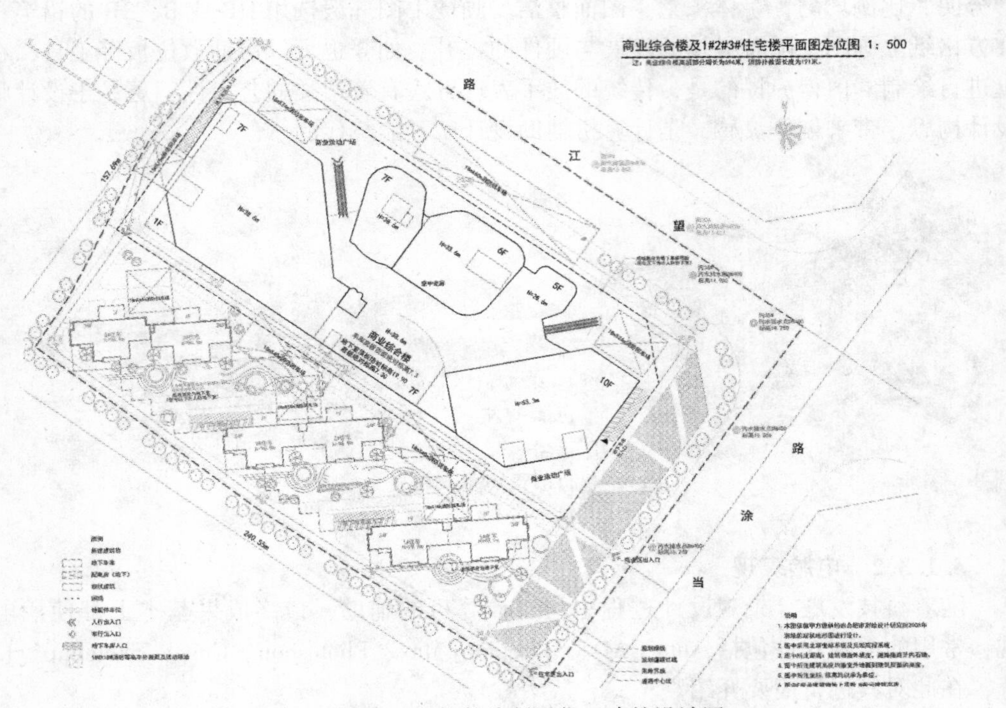

图 3-10　运用 CAD 软件绘制居住区建筑设计图

图 3-11　3D Max 效果图

从最开始的 3D Studio Max1.0 到现在到 3D Studio max8.0，3D max 软件经历了几个官方版本，在这个过程中它也在不断完善和充实。现在 3D Max8.0 可以说是一套功能强大的三维制作软件。从初期的建模到高级动画，每一样都发展比较快，特别是它的建模和动画方面有着独特的技术，是其他一些软件所不能媲美的。目前 3D Max8.0 中文版界面的设计对国内的广大设计人员来说，已经相对成熟，而每年都会有新版本上市，来满足市场的需求。

效果图后期处理软件 Photoshop。Adobe 公司的 Photoshop 是目前功能最为强大的图形图像处理工具软件。我们可以用它的二维渲染，建立更多的图层、通道和路径以丰富我们的表现形式，使作品更具表现力，从而将设计师的意图更准确、更生动地表现出来。因此，熟练地掌握 Photoshop 的操作，对后期效果图渲染显得尤其重要。

电脑二维渲染图的制作主要有以下几个流程：①在 CAD 中输出平面；②在 Photoshop 中进行平面渲染；③应用模块的制作；④配景的制作；⑤后期的合成（图 3-12）。

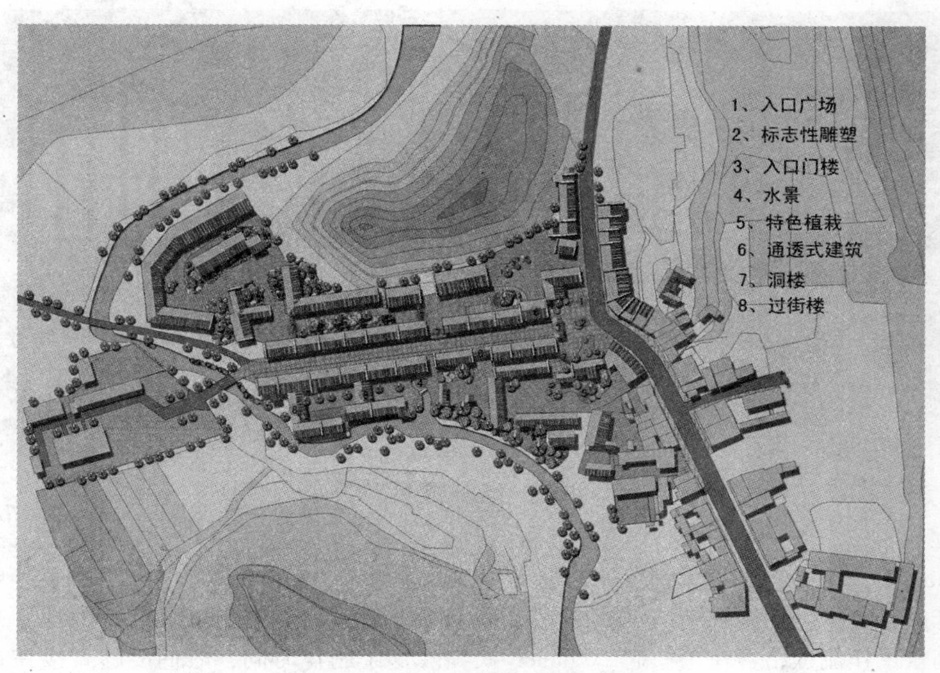

图 3-12　使用 Photoshop 制作平面图

电脑三维渲染图制作的主要流程包括：①导出 3D，或者 SU 的模型在场景的渲染出图；②在 Photoshop 中进行渲染；③与原有场景的融合与衔接；④配景的制作；⑤后期的调整，氛围的融入（图 3-13）。

Google Sketchup 辅助设计。Google Sketchup 是一套直接面向设计方案创作过程的设计工具，其创作过程不仅能够充分表达设计师的思想而且完全满足与客户即时交流的需要；其界面简洁，易于掌握，使得设计师可以直接在电脑上进行十分直观的构思，也是三维建筑设计方案创作的优秀工具（图 3-14）。

图 3-13　使用 Photoshop 制作后期

图 3-14　Sketchup 制作的效果图

Lumion（流明）辅助设计。Lumion 是一个实时的 3D 可视化工具，可用来制作电影和静帧作品，也可以传递现场演示。Lumion 的强大就在于它能够提供优秀的图像，并将快速和高效工作流程结合在了一起。Lumion 大幅降低了制作时间，人们能够直接在自己的电脑上创建虚拟现实。视频演示可以在短短几秒内就创造建筑可视化效果。渲染和场景创建降低到只需几分钟，而效果比较接近现实（图 3-15）。

3.1.3.3　图册与展板

图册和展板是在景观设计后期，为了交流的方便，更好地向甲方、同行或是在投标中更全面快捷地向人们展示设计者的设计理念、形式、设计的重要部位等而采用的一种平面综合表达形式。

图册和展板上视具体情况可放置设计图片，包括设计过程草图、平面图、立面图、剖面图、效果图、分析图等，以及图表、文字、辅助图案等内容。一般来说，图册上的内容较为全面，能够充分反映设计的全部内容（图 3-16），而展板是将其中较为重要和精华的

图 3-15 Lumion 渲染图

图 3-16 图册示意图

部分提取出来制作而成（图 3-17）。

图册和展板的设计没有绝对孤立的表现形态，要考虑整个展示的内容、性质和展示的形式和风格，应在整体设计思想的统一指导下进行统筹策划和布置。主要有以下几点设计原则：①展版版面要做到内容与形式的相协调；②展版版面要做到轻重有序；③运用点、线、面平面构成要素来进行各造型要素的经营或编排，设计出合理、舒适、优美的视觉流程；④整体统一。

展板版面构成的方法和类型有标题型、标准型、重叠型、纵轴型、中轴型、字图型、重复型、块状型、倾斜型、自由型等。展板的面层为背胶材质，可根据使用现场的亮度和个人喜好，选择亚光膜或亮膜。展板的背板层材料有 KT 板、雪伏板、铝板或铝塑板、高密度板、亚克力等。

图 3-17　展板示意

3.2　景观设计的程序

【本节引言】

设计程序是在设计工作中，按时间顺序安排设计步骤的方法。设计程序是设计人员在设计实践中发展出来的对既有经验的规律性的总结，其内容会随设计活动的发展而不断更新。景观设计的复杂性、涉及内容的多样性导致了其设计步骤的冗长，因此，成功开展景观设计工作的前提和提高设计工作效率的基本保障是要建立合理的秩序框架。总体来说，景观设计从业主提出设计任务书到设计实施并交付使用的全过程，其程序可分为五个阶段：设计准备、方案设计、扩初设计、施工图设计和设计实施。

3.2.1 设计准备

设计准备阶段主要包括与甲方的广泛交流，了解他们的总体设想；然后接受委托，根据设计任务书及有关国家文件签订设计合同，或者根据标书要求参加投标；明确设计期限并制定设计计划进度安排，考虑各有关工种的配合与协调；明确设计任务和要求；熟悉设计有关的规范和标准；资料的搜集与调研、把握大的设计方向等。

资料的搜集与调研包括了解当地的地理环境、历史文化氛围等总体环境、设计对象和使用者的直接情况、对现场的调查踏勘以及对同类型实例调研等（图 3-18）。结合设计对象的具体特点，资料的搜集调研可以在第一阶段一次性完成，也可以穿插于设计之中，有针对性地分阶段进行。

1、设计地块现状主要为农田,周边环境情况相对简单,地块相对周整;交通便捷。

2、规划用地现状内部缺少地形变化,主要以平地为主,会为设计施工带来较大的工程量;周边有很大的一部分空地区域,周边环境与地块之间的交流互动不足。

3、植物物种单一且种植杂乱。

图 3-18 景观设计现场调研照片

3.2.2 方案设计

方案设计阶段的主要工作是在设计准备工作成果基础上，进一步收集、分析、研究设计要求及相关资料，进一步与业主进行沟通交流，反复构思，进行多方案比较，最后完成方案设计。这一阶段包括方案构思立意、方案形成、方案修改深化等几个步骤。景观设计方案的最终成果包括文本和图件两大部分，文本的内容主要包括项目的基本状况、设计构思、空间环境的方案设计、意向性设计、工程结构、造价估算等；图件主要包括总平面图、立面图、剖面图、各类分析图、效果图等。

3.2.2.1　方案立意

方案设计的立意至关重要，是设计的核心。“意”来自于构思，外化于设计成果。如果立意明晰，思路开阔，能给设计方案的产生提供更多、更理想的选择。景观设计在构思上应整体考虑，强调功能和构造上的合理。即任何空间都有相应的功能，合乎功能的、反映功能的空间形式才具有审美价值；任何材料及其组合、组合的方式都有其内在的必然性。此外，还应强调景观设计在不同空间中建立内在的关联性（图3-19）。

图3-19　方案构思过程

3.2.2.2　方案形成

形成方案过程中，首先要进行功能分析（图3-20）。功能分析是指从广义的角度去考虑使用方面的问题，即在总体构思与立意的框架引导下，从空间的整体到局部做全面的考虑和分析。此过程要求设计师有很强的全局观念和细部处理的能力，能够分析使用性质、人员规模、活动范围、人流路线、视觉效果、技术设备要求等各类问题。

其次是空间形式的确立。事实上，在功能分析阶段就已经开始进行空间形式的构想和设计。空间设计是形象思维方式，因此对于功能的分析是伴随着具体的形象进行思维的。随着分析的进行而逐渐确定形式。功能的分析是围绕着空间形态进行的，包括空间的形状、大小、组合方式、围合与分隔方式、交通与人流及环境的关系等，由此而确定最后的

图 3-20　功能分析图

空间形式。当然，方案也许会有多个，通过多方案分析、比选、综合，最终形成最能体现设计理念的方案，做到形与意的吻合。

3.2.2.3　方案修改深化

一个方案初步形成时，多少会有不足之处，还需要反复推敲与修改才能趋近完善。环境空间设计包含技术、艺术、社会、文化等诸多方面的因素，因此要使设计的各个方面都趋于完美，必须进行反复考虑和斟酌。特别是在基本形体出现后，还要进一步进行调整。修改调整的要点是必须把握整体，无论从形式美角度考虑，还是从功能上认识，整体都是基本要求。在整体的基础上处理好整体与局部的关系，局部与局部的关系，空间内与外的关系等等，调整后的方案应该更加完善（图 3-21）。

方案深化的工作涉及具体的尺寸、详细的形象及其他技术性问题，如节点、细节、室内家具、陈设等设计。作为好的景观设计，不仅让人从大的空间、文化氛围上解读设计思想，更应当从一些细部设计中体会设计者画龙点睛的作用。

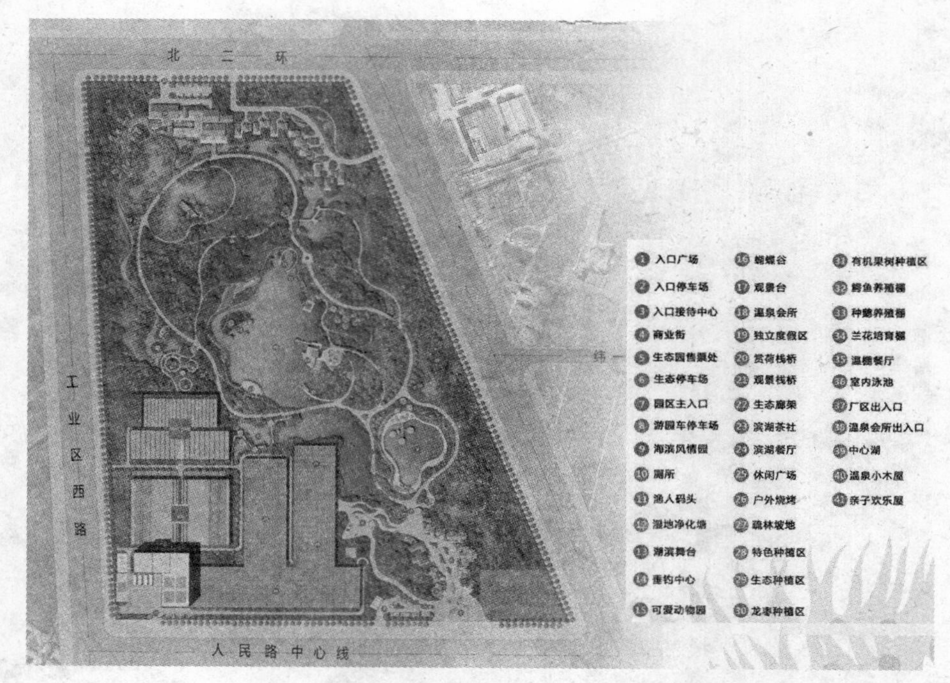

图 3-21　景观设计平面方案

3.2.3　扩初设计

扩初设计就是扩大性初步设计，是对初步设计进行细化的一个过程，界于方案设计和施工图设计之间的一个过程。当景观设计工程项目比较复杂，技术要求较高时，需进行扩初设计，对方案进行进一步深化（图 3-22），保证其可行性，同时进行造价概算，然后再送有关部门审查。但如果景观设计所牵涉的其他专业工种所提供的技术配合相对比较简单时，或设计项目规模较小，方案设计能够直接达到较深的深度时，方案设计在送交有关部门审查并基本获得认可后，就可直接进行施工图设计，此时扩初设计阶段可以省略。

3.2.4　施工图设计

相对于方案设计阶段中的草图设计以方案构思为主要内容，方案设计出图以图面的表现为主要内容，施工图则以“标准”为主要内容。如果缺乏标准控制，即使有再好的构思或表现，都难以成功地实施。施工图设计是设计师对整个设计项目的最后决策，以材料构造体系和空间尺度体系为基础，必须与其他各专业工种进行充分协调，综合解决各种技术问题，向材料商和承包商提供准确的信息。施工图设计文件较方案设计更为详细，需要补充施工所必要的有关平面布置、节点详图和细部大样等图纸，并且编制有关施工说明和造价预算（图 3-23）。

一套完整的施工图纸应该包括三个层次的内容——界面材料与设备位置、界面层次与

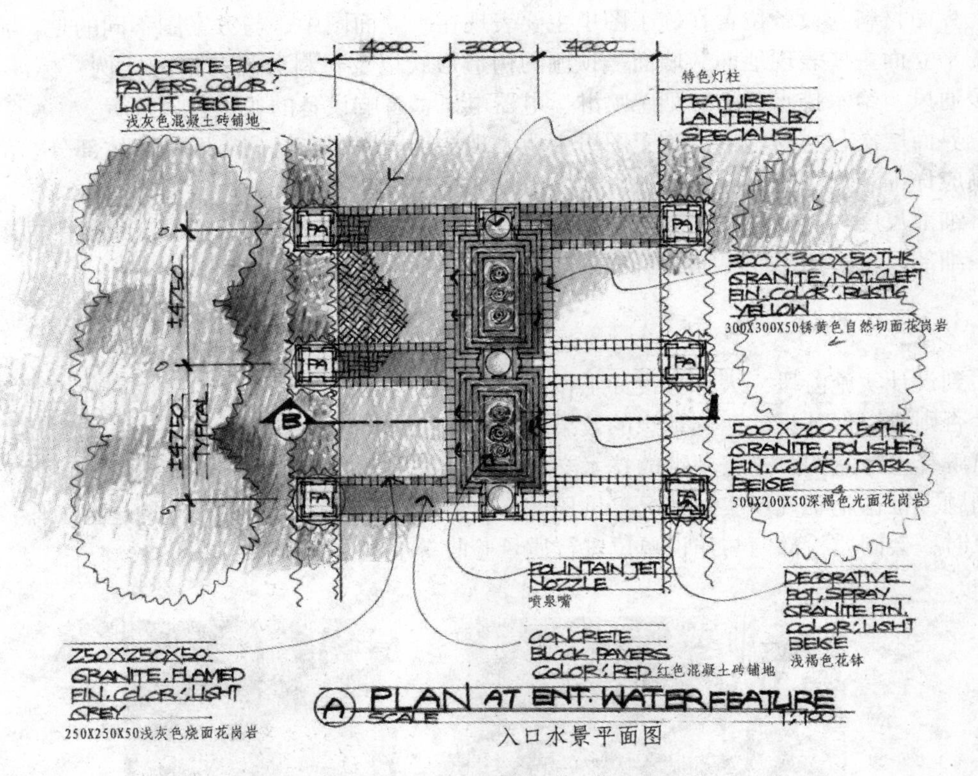

图 3-22　景观扩初设计图

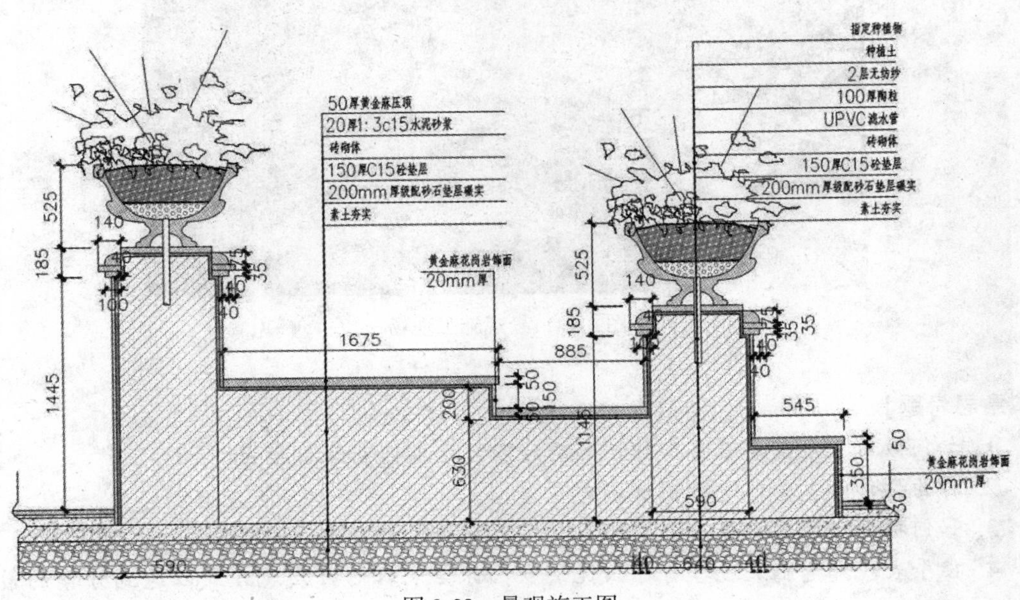

图 3-23　景观施工图

材料构造、细部尺度与图案样式。

界面材料与设备位置在施工图里主要表现在平立面图中。与方案图不同的是，施工图里的平立面主要表现地面、墙面、顶棚的构造形式以及材料分界与搭配比例，标注灯具、供暖通风、给水排水、消防烟感喷淋、电器电讯、音响设备的各类管口位置。

界面层次与材料构造在施工图里主要表现在剖面图中，是施工图的主体部分。剖面图绘制应详细表现不同材料和材料与界面连接的构造以及不同材料衔接的方式。

细部尺度与图案样式在施工图里主要表现在细部节点详图中。细部节点是剖面图的详解，细部尺度多为不同界面转折和不同材料衔接过渡的构造表现。

3.2.5　设计实施

到设计实施阶段，大部分设计工作已经完成，项目开始施工，但是设计师仍需高度重视，否则难以保证设计达到理想的效果。在此阶段设计师的工作常包括：在施工前向施工人员解释设计意图，进行图纸的技术交底；在施工中及时回答施工队提出的有关涉及设计的问题；根据施工现场实际情况提供局部修改或补充；进行装饰材料等的选样工作；施工结束时，会同质检部门与建设单位进行质量验收等（图3-24）。

图3-24　景观施工现场

【本章思考题】

1. 如何做好设计前期准备工作？其对后期设计工作有什么影响？

2. 作为设计师，如何进行图解思考？

3. 如何提高设计思维能力？

4. 徒手表现和电脑表现各有什么优缺点？你会采取何种表现方式以达到方案的最佳效果？

第四章　景观设计教育

【本章要点】

1. 本章从当前景观设计专业教育、国外相近学科专业教育借鉴以及景观设计学科的教学方法三个方面阐述景观设计教育。

2. 从教学体系框架的结构分析和实践教学体系的研究来讨论当前景观设计专业教育。

3. 国外相近学科专业教育借鉴（景观设计和室内设计），内容包括从教学指导思想，课程设置，有关学生、教师以及设施与管理等诸多方面。

4. 景观设计学科的教学方法包括教学思想、教学方法、教学手段和学生的学习方法。

【本章引言】

经济水平的提高所产生的对高品质生活的追求，生态环保意识的觉醒要求环境的生态化以及商业团体的催化作用，这三大动因形成了景观设计学科存在的客观条件。从第一批景观设计专业的毕业生开始到各艺术院校广泛开设景观设计教育，二十年时间内，非艺术院校的各大理、工、农、林院校也纷纷设立景观设计学科或开设相关课程形成专业方向。景观设计学科教育在中国以令人吃惊的速度快速发展。

“景观设计”在西方称为 Landscape Architecture。在美国等发达国家，“景观设计”专业已经有了上百年的历史，在社会上也有景观设计师的职业，已建立起较为成熟的体系，因此我国景观设计学科需要在借鉴国外相近学科的经验，吸收国外相近学科的优秀教育方法的基础上，结合国内实际情况建立适合国情的景观设计学科。也需要在专业学科的相关理论方面进行广泛而深入的研究，明确景观设计的对象与范围，同时制定一系列的行业从业规范和执业注册制度。

4.1　当前景观设计学科教育

【本节引言】

本节从教学体系框架的结构和实践教学体系的研究来讨论当前景观设计专业教育。“三位一体”模式下的景观设计和知识体系的三大板块组成分析，最终形成四大模块化课程系统。

4.1.1　教学体系框架

在我国高等院校中设立“景观设计”的历史不长，目前这一专业多数开设在艺术类院校和一些工科院校中。由于对“景观设计”概念的理解和认识不同，学校性质和基础不同，使得在专业建设的定位和教学内容设置上存在着差异。面向 21 世纪，社会发展需求更加多元化，对既具有艺术素养又具备科学技术知识的复合型景观设计人才需求强烈。

国外已形成建筑、城市规划、景观设计三大学科支撑的人居环境学科体系，景观设计是该学科体系的重要组成部分，在德国、日本、美国等一些发达国家的景观设计是一门涉及建筑、艺术、生态、园林等众多学科知识的学科，体现了景观设计的艺术与科学相结合的本质特征。

工业革命以来，以经济利益为主要价值取向的城市建设和迅猛发展的城市化进程，极大地促进了城市发展，但是也在一定程度上加剧了人与自然关系的对立，致使城市环境问题突出、生态环境日趋恶化。传统的景观设计以追求审美情趣、表达艺术性为价值取向，局限在唯美、唯艺术的范畴内，局限在种花种草、装点环境的美化设计中，忽视了景观设计的生态价值、忽略了对自然生态系统、人文生态系统与人工物质环境的整合。把生态价值取向作为一种崭新的景观设计目标，是景观设计发展到今天的必然趋势，已经不单纯是学术思潮的流变，而是源于对人类生存状况的担忧，是工业革命以来，全球性的资源短缺、人口膨胀、环境污染等矛盾所激发的景观设计的演变结果。

4.1.1.1 景观设计构成的“三位一体”架构

“三位一体”模式下的景观设计包括艺术、生态、人文相关知识三大构成子系统。艺术作为视觉组织方式，是景观设计的手段，它借助各种手法将各要素组织起来，以期最终获得令人愉悦的外在形式；生态是景观设计的目标，通过对自然的尊重，实现人与自然和谐发展；人文是景观设计的基础，其实质是研究各种空间层次、各种表现形式的人类活动，而人类活动则正是景观设计发展的驱动力。学科的交叉和融合是发展的必然趋势，艺术、生态、人文三个组成之间也非相互绝缘独立，它们互相渗透，共同构成完整的景观设计（图 4-1）。

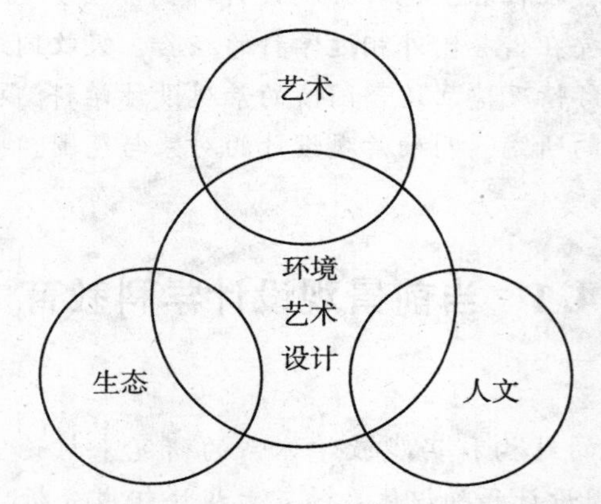

图 4-1 “三位一体”模式下的景观设计体系构成图

“三位一体”模式下的景观设计并非囊括了艺术、生态、人文三大学术体系的全部，而是包含了每个体系中的一部分（图 4-2）。

4.1.1.2 知识模块与课程结构

知识体系主要由艺术、生态、人文三大板块组成，可分解成学科基础、专业主干课、

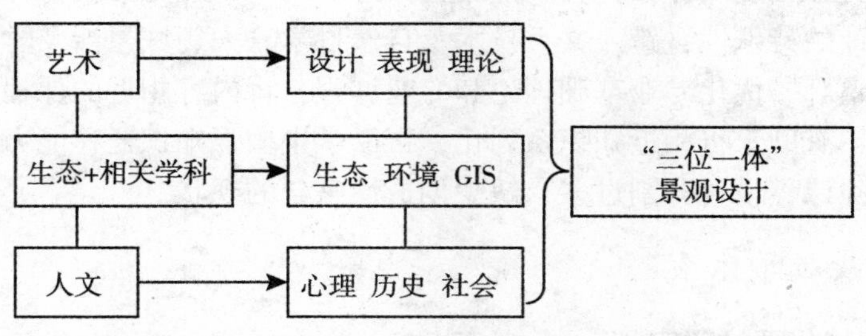

图 4-2 “三位一体”模式下的景观设计体系组成图

专业选修课和实践课程四大模块。景观设计课程的最大特点就在于其综合性，通过对课程内容的整合让学生从整体上认识景观设计，理解景观设计的基本内容（表 4-1）。

表 4-1 **景观设计专业通识教育、学科基础、专业必修课程设置**

通识教育课程设置			
必修	思想道德修养与法律基础	选修	自然科学类
	大学英语		工程技术类
	体育		社会科学类
	军事理论		人文与艺术类
	计算机应用基础		经济管理类
	马克思主义原理		其他
	毛泽东思想与中国特色社会主义理论体系概论		
	中国近现代史纲要		

学科基础、专业基础、专业必修课程设置					
学科基础课	素描	专业基础课	建筑设计初步	专业必修课	城市公共空间景观设计
	色彩		建筑设计原理		居住区景观设计
	大学语文		人体工程学		风景区规划设计
	艺术概论		中外建筑园林史		城市规划原理
	设计导论		环境心理学		公共艺术设计
	中外设计史		材料与构造		园林植物与应用
	设计表达		光环境设计		景观地貌学
	构成设计		施工图设计与预算		景观生态学
	计算机辅助设计		建筑制图及模型制作		
	摄影基础		工程测量		

4.1.1.3　加强知识模块间的整合与融通

由于景观设计的特殊性，跨人文、技术及自然科学三大领域，涉及学科领域广阔，因此分阶段系统地整合、优化专业基础理论和专业课程，将内容相近的课程加以重组，加强课程之间的联系，有助于将相近知识系列化，帮助学生增强知识迁移能力、横向思维能力和综合能力，消除课程设置分割过多，缺少创造性整合的现状。

4.1.2　实践教学体系

4.1.2.1　模块化理论研究

模块是一种带有半自律性的子系统，能与其他子系统（模块）在某种规则的作用下联系起来构成复杂性更高的系统或过程。模块具有可重用性、可重构性、可扩充性这三个基本属性。模块化是指把一个复杂系统拆分成不同的具有标准化接口的子模块，并使得这些子模块通过信息交换进行动态整合。景观设计实践教学体系中的各教学板块具有模块的特征，也具有“半自律性”。因为它还受到教学整体系统“规则”的限制，它是一个子系统。“教学模块”之间的联系是按一定的“规则”联系的。“教学模块”可以“模块分解化”和“模块集中化”；理论上，通过模块分解化和模块集中化可以集成无限复杂的系统。这也就是教学模型千差万别的原因。“教学模块”是可操作的，如：①分离教学模块；②用更新的教学模块设计来替代旧的教学模块设计；③去除某个教学模块；④增加迄今为止没有的教学模块，扩大系统；⑤从多个教学模块中归纳出共同的要素，然后将其组织起来，形成一个新层次。在模块化理论的指导下，把原来破碎的实践教学体系整合成一个系统，各子模块之间相互渗透，具有动态性，而且可根据当前学科的需求进行完善。

4.1.2.2　实践教学内容研究

按照模块化理论，先将整个实践教学系统分离出基础实践教学、体验实践教学、专业实践教学、设计实训教学四大模块，再按照这四个大模块去设计更多的相关子模块来构成整个实践教学系统，这些子模块根据需要可增加或减少，以及更新内容，升级换代。在实践过程中，艺术与科学的手段贯穿始终，使学生认识与景观设计息息相关的自然、人工和社会环境，为培养复合型的景观设计人才奠定基础。以下为景观设计专业模块化实践教学示意图（图4-3）。

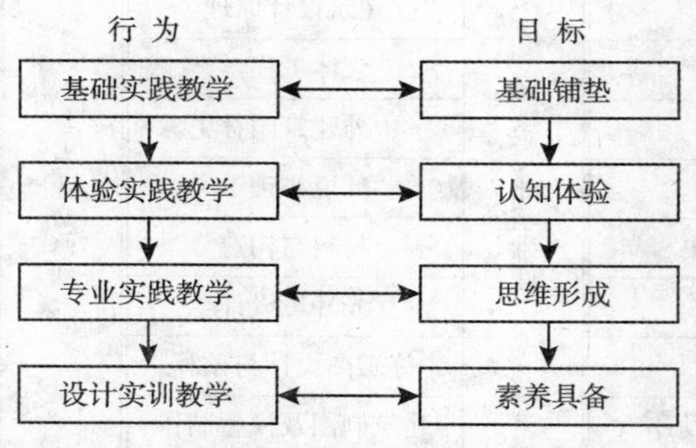

图4-3　景观设计专业模块化实践教学示意图

基础实践教学主要侧重培养学生对于基础知识的把握，了解具体的设计理论知识，拓展学生的专业基础知识，提升学生的专业基础素质，此阶段主要通过学生的自我实践来实现，属于基础铺垫阶段，包括通识类和设计基础类课程。基础实践教学以基础课程的学习为主，按照“三位一体”的模式即艺术实践、生态实践、人文实践来进行。

在进行基础实践课程教学的同时，要结合当前的科技经济发展以及社会需求变化，开设如设计的市场与营销以及新材料、新能源等相关知识课程，让学生及时了解新科技、新材料的应用，把书本的理论知识与现代的社会经济变化相联系，培养学生洞悉变化的能力(图4-4)。

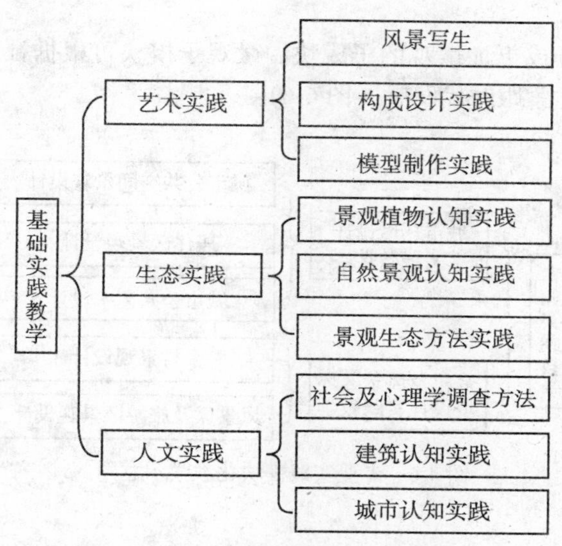

图4-4 基础实践模块化教学示意图

体验实践教学。该环节是在基础实践教学结束后开展的，属于认知体验阶段。由指导教师带领学生参加如全国园林博览会、北京设计周等重大的景观设计活动，调研优秀的景观设计作品以及失败的景观设计案例，深入优秀的设计企业，有利于培养学生的专业兴趣，拓展学生的视野，深化学生的理论知识，使学生了解最新的设计资源和信息，了解行业企业运作。培养学生设计责任感、设计归属感和设计伦理感，有利于学生设计价值观的形成，为后续的专业课程学习奠定良好的基础（图4-5）。

专业实践教学。在完成基础和体验实践教学后，进入设计思维形成阶段，教学模式开始以专业实践教学为主。在专业课程实践教学过程中，学生能够亲身经历设计的整个过程，学生可以作为一个整体，也可以作为一个个体，在老师的指导下解决遇到的困难，从前期的现场调研，到设计方案，再到项目或者计划的实施，到最终的社会评价和反馈，学生通过一个项目，可以了解和把握整个过程及每一个环节的基本要求。整个实践教学并不是一蹴而就的，也不能与理论学习独立开来，而是理论学习与课程实践相互穿插、相互融合，从感性认识到理性实践的一个循序渐进、不断提高的过程。按照景观设计所包含的内容，主要分为城市景观设计、建筑景观设计和乡村、风景区景观设计实践教学三个子模

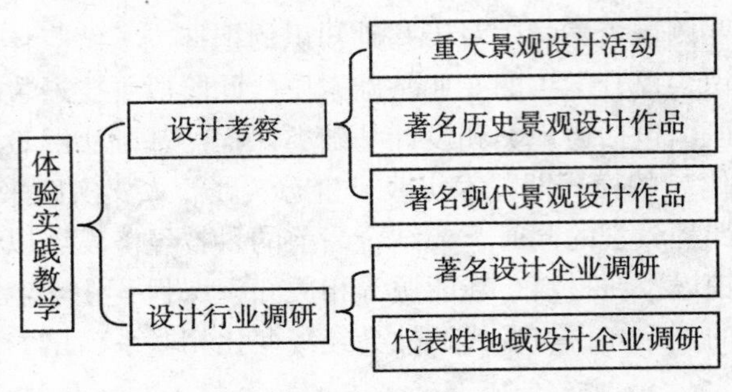

图 4-5　体验实践模块化教学示意图

块，每个子模块下又分成更加微观的子模块。微观子模块可根据社会发展的情况进行调整，保证专业实践教学紧跟时代发展（图 4-6）。

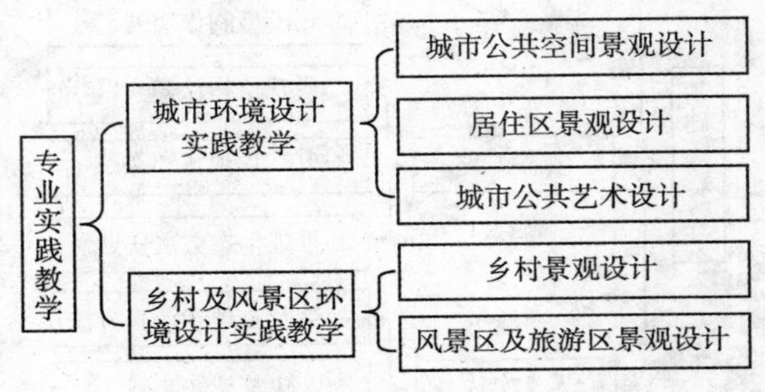

图 4-6　专业实践模块化教学示意图

设计实训教学。设计实训教学需要学生深入行业实际，把握社会与产业、行业发展动态，对行业进行研究和分析，培养学生的市场观念和设计的实际应用能力。在这个过程中，不仅要不断提高方案设计能力，还要在实践中深入施工现场，加强学习并提高工程施工管理能力。参与的方式主要有工作室模式和实习基地模式两种。

（1）STUDIO 模式

在高级职称教师的带领下，以专业教师为骨干组成景观设计 STUDIO。让学生直接参与到项目设计团队中，把实践教学过程渗透于实际项目中。项目进行过程中以教师为主导、学生为辅助共同承担项目设计工作。积极鼓励师生合作或教师指导学生参加各种景观设计竞赛。以产、学、研相结合的方式提高学生的专业知识和技能，培养学生积极向上、勇于争先的精神。

（2）实习基地模式

在著名设计机构成立实习基地，定期组织学生到实习基地进行教学实习。并聘请设计院专家和专业教师一起以“导师”身份进行相关指导，让学生直接深入到专业设计的第一线进行实践学习（图 4-7）。

4.1.2.3　实践教学评价研究

景观设计实践教学评价，是判别实践教学是否达到既定目标的重要手段。景观设计实

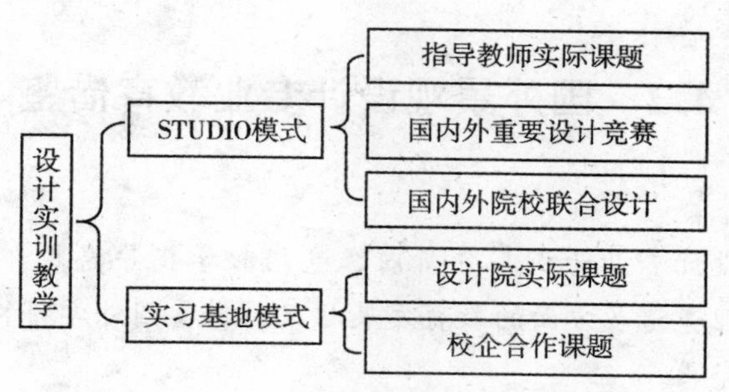

图 4-7　设计实训模块化教学示意图

践教学评价体系的建立，对于加强实践教学管理，定期修改实践教学计划，培养符合社会需求的优秀景观设计人才具有重要的作用。从景观设计实践教学参与的对象来看，实践教学评价可以分为学生学习评价、教师教学评价、保障体系评价和社会评价四个部分。学生学习评价可以从学生对专业知识的掌握、设计技能的掌握、设计创新能力、团队协作能力、社会适应能力等方面进行；教师教学评价则从教学理念、教学方法、教学手段、教学内容等方面进行；保障体系评价则从师资建设、实践设备建设、经费投入、管理制度等方面进行；社会评价从实习单位评价、工作单位评价等方面进行（图 4-8）。

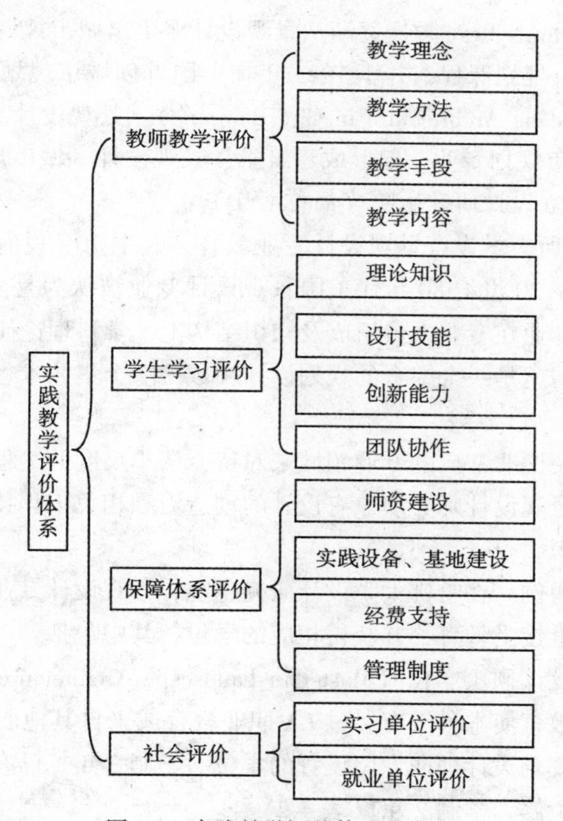

图 4-8　实践教学评价体系示意图

4.2　国外景观设计专业教育借鉴

【本节引言】

本节以国外景观设计专业为例，分析内容包括教学指导思想、课程设置以及有关学生、教师、设施与管理等诸多方面的教育发展状况，借鉴国外学科的教育模式，在教学内容和教学方法上进行完善。

景观设计专业（Landscape Architecture，LA）首创于美国哈佛大学。19世纪后半叶，奥姆斯泰德等通过一系列在城市公园、广场、校园、居住区及自然保护区的规划与设计项目中奠定了LA学科的发展基础。1899年成立了美国景观设计协会。全美国第一门景观设计专业课程于1900年由弗雷德里克·奥姆斯泰德之子F. L. Olmsted，Jr. 与A. A. Sharcliff在哈佛首先开设，并且首创4年制景观设计专业（LA）学士学位。1908—1909学年开始，哈佛大学已经设立系统的研究生教育体系，并设有硕士学位，即MLA（Master in Landscape Architecture）。后又设有设计学博士学位DrDes，它是目前设计学领域的最高学位。第一位使用景观设计师这一称号的英国设计师是帕特里克·盖兹（Patrick Geddes，1854—1932）。

1909年，James Sturgis Pray教授逐渐从景观设计派生出城市规划专业方向，开始在景观设计课程体系中加入规划课程，并于1923年在美国首创城市规划方向的景观设计硕士学位（Master of Landscape Architecture in City Planning）。景观设计与1893年成立的建筑学、1923年开设的城市规划专业一起形成建筑学、景观设计、城市规划三足鼎立的格局。哈佛大学于1936年成立设计研究生院（简称GSD）。

美国现在有50多所大学设有景观设计专业教育，其中70%设有硕士学位教育，20%设有博士学位教育。在20世纪80年代美国景观设计专业被认为是全美10大飞速发展的专业之一。景观设计专业在专业人员组成及知识结构上，学科理论研究分支与行业工程实践范围中，自创立之初就是一个综合的规划设计领域，一个集艺术、科学、工程技术于一体的应用性专业。

景观设计被作为一个非常广的专业领域来对待，从小尺度的工程例如花园，到大尺度的场地的生态规划。景观设计师必须兼有设计的创造力和相关工程技术知识，同时还要具备环境生态的丰富知识。

以美国哈佛大学为例。在哈佛大学设计研究生院，景观设计专业的学生有机会在不同方向和多个学习层次上接受教育，并获得相应的学位，其中包括：

MLA Ⅰ——景观设计硕士学位（Master in Landscape Architecture Professional Degree），此学位目的是：通过教育使本科没有经过LA职业教育或来自其他职业领域的本科毕业生们，有资格成为景观规划设计师而专门设置的学位。学制3年。已有建筑学学士或硕士学位的学生，部分课程免修，学制2年（表4-2）。

表 4-2　**MLA Ⅰ的课程体系**

	学　分
要求	48 设计课，培养设计技能 42 专业必修课 12 三个方面的限选课：历史、社会经济、自然系统 18 任选课提供专门研究的机会
第一学期	8 初级　景观设计 4 初级　景观绘画 4 初级　现代园林和公共景观史：1800 年至今 2 初级　景观技术基础 2 中级　植物配置基础
第二学期	8 初级　景观设计 4 初级　景观设计理论 2 初级　景观技术 2 中级　植物配置基础 4 限选　自然系统课程（注）或　初级　场地生态学
第三学期	8 中级　景观规划与设计 4 初级　计算机辅助设计 4 中级　景观规划理论与方法 4 限选课
第四学期	8 中级　景观规划与设计 2 中级　景观技术 2 中级　景观技术 2 中级　植物配置 2 中级　植物配置 4 任选课
第五学期	8 高级　自选设计课 4 中级　设计行业管理 2 限选　科学技术课 6 任选课
第六学期	8 高级　自选设计课 4 中级　设计法规 8 任选课 12 高级　独立 MLA 论文研究 4 中级　设计法规 4 任选课

MLA Ⅱ——景观设计职业后硕士学位（Master in Landscape Architecture Postprofessional Degree），此学位针对已有职业 LA 学士学位的学生有意愿进一步提高教育而设置的，以设

计课为主，学制2年（表4-3）。

表4-3　**MLAⅡ课程体系**

	学　分
要求	8高级　LA设计课 4高级　LA理论课 24高级　自选设计，以培养设计技能 44任选课
第一学期	8高级　LA设计课 4高级　LA理论课 8任选课
第二学期	8高级　自选设计课 12任选课
第三学期	8高级　自选设计课 12任选课
第四学期	8自选设计课 12任选课

MLAUD——城市设计方向的景观设计硕士（Master in Landscape Architecture in Urban Design），这也是一个职业后硕士学位，这是为已有LA专业学位的学生进一步以城市景观作为研究对象，想在城市设计方向深入进修而设置的，学制一般为2年。

MDesS——设计学硕士（Master in Design Studies），属于职业后学位，主要针对已有设计师资格规定的职业学位：建筑学、LA及城市规划等硕士学位；有意愿进一步在某个方向深入研究，或进一步申请某个方向的博士学位而设置。这一学位目前有计算机辅助设计、历史与理论、景观规划和生态学、地产开发、技术、发展中国家的城市化6个专门化方向；另外还设置由学生和导师自己出题商定的独立研究方向，学制一般为1年。

DrDes——设计学博士，这是目前设计学领域的最高学位。目前是为在建筑、LA和城市规划专业领域内已掌握充分的职业技能基础上，还想进一步创造独到贡献的学院而设。它与Ph. D学位的不同之处是：DrDes更多的是强调建筑、LA和城市规划的跨学科研究和实践，把设计学作为实践性的学科来对待，而不是学究式的理论研究。学位完成一般为3年。

Ph. D（Doctor of Philosophy），它主要培养LA和城市规划方向的教师及研究人员，允许文理学科的硕士深造而获此学位。要求在建筑、LA及城市规划方面的某一问题上有深入细致的研究。学位一般在3~6年内完成。

哈佛大学景观设计的设计课程分设计课、讲课和研讨会、独立研究三类。

设计课的授课和研究主要强调关键问题的分析，是教育的核心部分。重视对视觉、理论、历史、专业实践活动和科学等方面的全方位研究。课程广泛涉及学科相关领域的技术与知识，着重于设计技能的培养。

讲课和研讨会主要是讲授与探讨景观设计的理论、历史及方法论。

独立研究是由导师指导，在学生掌握了基本理论和方法论的基础上，开展某一方向的专门性研究，基本上由学生独立完成研究和论文写作。

哈佛大学 LA 专业教育上有一些明显的特点值得我们借鉴：

LA 专业人才培养上的多层次性和多方面的特点。在核心设计课程的专业技能训练基础上，通过自选设计课和多种限选及任选课使学生在某一方向形成自己的偏好和特色。这在竞争激烈的国际设计市场上是很有意义的。无论在选课或组织设计课时，LA 学生都可以利用 GSD 设计学科方面的综合优势，有机会与建筑学、城市规划学生和教授们广泛接触，在知识上交叉融合。GSD 学生中有近 30%为国际学生，同一个设计课程中，常常是国际性的。各种文化和思维模式，在不断的头脑风暴过程中为每位参与者带来灵感和智慧。哈佛大学的景观设计专业把设计院设在一个综合性大学中，与文理学院和政府管理学院并驾齐驱，在课程和教员上相互补充，也是其他设计学专业得以在充足的知识营养中延续和创新的主要优势之一。广泛邀请世界著名学者参与 LA 教育，站在巨人的肩膀上，兼容并蓄。使哈佛的 LA 学生设计思路开阔。

4.3 景观设计学科的教学方法

【本节引言】

景观设计学科的教学方法大致是相同的，分为教室和实习中的辅导、课堂研讨、参观和实地考察。专业学习过程中，景观设计的学生培养自学技巧和利用图书馆和其他设施的能力极其重要。

4.3.1 教学思想

传统景观设计专业教育方法是在对设计结果的追求上展开的，主要培养的是学生的模仿能力。而现代景观设计的教育特点是围绕设计过程展开的，培养的是分析能力和创新能力。分析能力加强学生对设计结果产生机制的理解，学生理解和判断能力上有优势，而后者强调了设计产生、发展、生成的动态过程，建立了学生理性分析和解决问题的操作能力。在思维的训练上，创新能力更大限度地尊重和开发学生多向思维的能力，强调设计结果的多样性，也更符合现代设计发展的趋势，更能体现现代设计的内涵。

设计实践的结果及过程受多种因素的影响及限制，尤其是景观设计学科，更是受经济、地理、历史、文化的影响，也受着政府、业主、管理者、消费者等诸多利益的制约。任何一个设计的成果都是在一定的条件、计划、目标的背景下展开的。正是因为如此，景观设计教育更应该顺应并体现这样的设计原理。传统单向式的教育教学方法并不能满足当前社会对人才的需求，应更新为双向式的教学方法，刚性的教学量化指标与弹性的教学过程相辅相成，这样学生也有一定的空间和时间来理解设计生成的过程，才能与社会及设计事务很好地接轨。注重理论和工作方式的实践体验是景观设计教学思想的核心所在。

景观设计的教育原则可以归纳为：

4.3.1.1　教学思想开放性

实际项目的引入和设计个体案例，使教学、市场、产业得以联系更为紧密，改变学生纸上谈兵，眼低手低的状态，树立发展的、动态的、整体的思维方法。

4.3.1.2　教学过程刚柔并济

景观设计教师必须清楚教学过程中必须解决的问题和基本要求，教授概念的同时，应对同一平台的知识进行兼容并蓄，并能进行比较鉴别。

4.3.1.3　评估标准灵活

在教学要求的指导下，针对学生不同的能力水平、特点、领悟力，以及设计的展开情况，对教学成果给出公平公正的评价。

4.3.2　教学方法

在景观设计的过程中，内容相当庞杂，又紧密联系着人的思维、个性、时代、文化等因素。设计的方法论是与人们的世界观相统一的，一定的世界观就决定了一定的方法论，人们以一定的世界观作为指导去认识事物和改造事物，这就是方法论。人们要改造事物首先必须认识事物，认识事物的客观发展过程及规律，了解事物发展演变过程所存在的相互联系。景观设计教育在技能的培养上应以建立起学生的正确的设计方法，即观察、思维、表述方法为目标，开展动态的、尊重人的个性化教育。照本宣科与没有创造力的填鸭式教学是不适合景观设计学科的教学规律的。

在我国，景观设计教育大部分是在美术院校、艺术院校和理工科院校中展开的，由于各类院校的侧重点不同，导致景观设计教育有着艺术院校思维上的松散性，景观设计教育在设计的理性分析和尊重设计的客观性上一直较为薄弱。长期只是重视设计表象的创新而不是设计思维的培养，这也体现了设计教育本身的随意性。学生在毕业之后的社会实践中感到学校学习的知识在设计中可实施性不高、建设性和价值性不高等困惑，从而产生厌学心理。在理工类院校中，受理工类教学体系的影响，虽然在技能和理性思维训练方面得到的重视更多，但是在创意思维和审美鉴别上确实比较薄弱。那么，如何使景观设计教学既有美术院校的特点和优势，又具备理工科学院的实际技能，需要一套系统的、实事求是、因材施教的教学方法。而解决问题的根本就在于理解和解决问题的评判性思维方法。

景观设计教育的特点可以体现为：

4.3.2.1　理论的现实体验——设计课

现代学生都有的一个通病就是不重视理论课的学习，造成思想的苍白和浅薄，不重视历史、思想和现实问题，不关心社会，坐井观天。景观设计和其他学科一样，理论是指导实践的认识基础，仅靠图纸上的操练是不够的，只有通过理论学习，具备了深厚的理论修养，才能形成良好的现实体验。系统的设计理论及设计方案课可以使学生将理论及实践很好地结合起来（图 4-9）。

4.3.2.2　工作方式的实践体验——考察课、专业实习

景观设计的实用性决定了其实践性的特点。学生在学习过程中都比较愿意跟随老师一起完成实际具体的案例，如同师傅带徒弟一样亲切自然。给学生大量的实践时间是设计教

图 4-9 设计课

育的基本特色。一般院校中都会设有工作室、实验室等供学生跟随老师一起设计实践。也专门设有考察课程和专业实习课程体验实践。

4.3.2.3 工作过程的辩证体验——讲座、校际交流

设计过程和学习过程一样，贯穿着一系列的矛盾，诸如严谨和松弛、限制和鼓励、刚性要求和弹性结果等。教师在教学活动中既扮演着导演的角色也扮演着演员的角色，同时还是观众。教师在教学过程中体现出来的素质和修养对学生会产生直接的影响。校际交流活动和讲座可以开发学生的视野，同时也增强教师之间的教学交流（图 4-10）。

图 4-10 清华大学、中国地质大学、巴塞罗那建筑学院联合设计

4.3.3　教学手段

在教学实践中，景观设计的教学手段和方式主要有：

4.3.3.1　模仿训练

模仿训练是景观设计教学的传统方式，在设计学习的过程中，从一开始的艺术专业素质的培养，包括素描、色彩、三大构成的学习，均是通过模仿来入手的。主要是针对专业规范的了解，从课程作业的完成过程中建立规范意识。

4.3.3.2　思维训练

思维训练在景观设计教学中作为重点而存在，设计过程中解决问题的根本就在于思维方法，也就是理解和解决问题的评判性思维方法。就设计的根本而言，设计就是把包括成本和结果在内的所有作用要素集合起来成为一个整体的过程。设计主干课是思维训练的主要课程，有以下三个方面的任务：理性的逻辑思维、感性的情感思维、形象的形式思维。教学过程中必须运用这三种思维方式不断地反复研究，这是形成设计师能力的基础。

4.3.3.3　小组研讨

在高年级的教学时段中开始进行专项课题训练，组织学生自己查阅资料并形成自己的观点，在讨论中交换各自的意见和建议，增加信息量的同时也训练了表达能力。

4.3.3.4　考察交流

在生活和学习中，对社会及项目现场的现状信息和获得的资料进行总结和观摩，培养分析和理解能力。

4.3.3.5　专题讲座

通过各类专业讲座拓宽视野，将专业知识从横向和纵向层面展开，获得更为广深的外延性知识。

4.3.3.6　快题训练

景观设计快题训练不仅仅是针对表现能力的训练，这项训练是加强创新能力和控制力的训练，培养发现问题并快速解决问题的能力。

4.3.4　景观设计的学习方法

大多数学生在刚进大学的时候对专业怀揣着美好的梦想，兴奋、惶恐，也有同学不到两年就开始对专业灰心失望，因为没有计划，每天等待着老师像高中时代那样被动接受安排和学习，这样都不能成为一个真正的优秀的设计师。

无论是景观设计专业人员自身的知识结构，或是学科理论分支，以及行业实践范围，这门学科自创立以来就是一个极为综合的设计领域，是一个集艺术、科学、工程、技术于一体的边缘学科。要成为一个景观设计师就必须掌握环境生态与人类行为诸领域的知识，并通过具体规划设计将其实现于具体环境形态之中。那么怎样才能学好景观设计专业呢？

4.3.4.1　博览群书，加强文化理论素质

景观设计作为一门高素质人才集中的行业，不乏许多成熟的设计师，这些设计师之所

以能够在行业中一展身手，还是因为具有深厚的文化理论基础。

在学习景观设计专业的时候，注意抓紧课余时间阅读大量的书籍，网页搜索其实大部分都是少量的信息，相当于炒现饭，这对于信息量的增加和理论知识的增加并没有多大好处，对思想的历练也没用完成。

景观设计是一门综合很多相关学科的学科门类，有许多实际工作需要在课后大量的阅读和资料查找中来进行完善和补充。尤其专业中特别重要的专著经典，是需要利用大学时期完整地细细品读的，会对大家将来的专业成就添砖加瓦。

景观设计的同学不能只偏重本门类学科的学习，而应该在广泛的学科门类中去吸收营养，尤其是加强文学、音乐、绘画等相关艺术门类的修养。并且，其他与景观设计相关的设计专业学科我们也应当保持关注，这也是保持设计新鲜动力的条件之一。

4.3.4.2 观察体验生活，善于思考

对于设计师来说，一个重要的特质就是善于观察生活，体验和发现并学会思考。要将景观设计专业学好，只在书中吸取知识是不够的。原理可以相同，但解决的方式和手段有可能完全不同。这也是设计的魅力所在。没有主观创意原则的设计师不是真正的设计师，只能算借鉴与抄袭。

很多学生并不能深刻体会这一点，大量的学生都没有设计所具备的生活体验，比如，对某一项设施的功能还没有理解的情况下，又如何能创作出供人使用方便的设计呢？其实这样说来，景观设计的成熟过程也是设计人的成长过程，在生活中的成长历练，慢慢沉淀为设计经验，并能在设计实践中转换，整合。

4.3.4.3 注意技能培养，胆大心细

做设计时的态度比任何东西都重要。刚开始接触设计就希望自己指点江山，雄才伟略，眼低手低的状况只能造成自己眼光短浅、心浮气躁。有好的目标是非常宝贵的，但是更重要的是沉下心来从小事做起，脚踏实地地学习。

在景观设计的学习过程中，需要严格踏实地培养专业软件技能，比如3Dmax、Auto CAD、Photoshop等作图软件的学习，都需要大家重视起来，并虚心学习，从实践中体会软件的重要性，熟悉它，掌握它，运用它，一个运筹帷幄的设计师是需要有深厚的专业技能才能够从宏观上全面组织并监管项目。

4.3.4.4 注重比较分析，眼光超前

学习设计要避免闭门造车，妄自尊大。在学习过程中，学会比较分析，多和同行交流，多参加研讨会、设计讲座、设计展览等大型交流项目，多认识设计业同行和前辈，多虚心请教，才能多方面加强自己的专业学习。

景观设计的学习最重要的就是有一个全局性、前瞻性、整体性的眼光，作为一个景观设计师，是需要在工作中和社会上各种各样的行业打交道的，设计师需要有一个宽广的胸怀和前瞻的眼光，这也是做人的道理之一。

【本章思考题】

1. 景观设计的学科创立和发展过程是怎样的？

2. 怎样理解景观设计的教学体系和教学方法?

3. 怎样看待我们具备的专业能力? 应该怎样制定四年的学习计划?

4. 在景观设计学习过程中，针对本专业从业人员应具备的基本素质，应该着重加强哪方面的训练?

第五章　景观设计师的素养

【本章要点】

1. 景观设计师的专业素养。
2. 景观设计师的综合素养。

【本章引言】

优秀的景观设计师是创造形式美感的艺术家，也是具有文化传承、可持续发展战略意识的思想家，还是环境管理者，更是一个懂材料、会用材料的环境保护者……。景观设计师需要兼具技术背景和艺术背景，具有良好的理解力和敏锐观察力，这样才能适应多变的工作环境，善于发现问题和创造性解决问题。景观设计师也应具有高度的社会责任感，熟悉本行业政策法规，具有团队协作精神以及不断学习的能力。

5.1　景观设计师专业素养要求

【本节引言】

本小节主要从“对使用者的关注和了解、创造性解决问题、美学鉴定、设计表达与沟通”等方面描述了景观设计师的专业素养要求。针对当前设计中的实际问题，重点讲述了设计创新的社会价值，审美能力中的国际化与本土化、技术化与艺术化能力，同时详细提出了景观设计师的专业能力要求。

5.1.1　丰富的感受能力（对使用者的关注和了解）

景观设计师必须培养对周围环境的敏锐观察力，思考生活中的变化，从设计视角发现人们的期望和环境问题，这是景观设计师的基本能力要求，这种能力的形成主要靠日常积累和培养。

过去，景观设计师将关注焦点放在环境的装饰性，造成设计停留在环境表面，片面追求奢华效果，还不符合使用者文化习俗和使用习惯。现在，景观设计师必须把注意力转移到对“人”（使用者）进行详细研究和分析，了解使用者对环境的深层需求。

从某种意义上说，景观设计是服务型行业，每一位景观设计师要兼顾时代特征并由此呈现和展开本职工作。现代人的个性化需求日益强烈，景观设计师要运用自己的感受能力发现问题和寻找使用者的潜在需求，才能有效生动地实现空间环境的人性化。

5.1.2　设计创新能力（创造性解决问题能力）

景观设计不仅是美化的艺术，更是解决问题的艺术。解决问题是每个领域对人才的通用要求，景观设计也是如此。事实上，好的创新设计必然是为某个社会问题而展开，即协调“人—自然—社会”三者之间的相互关系。

一方面，景观设计师的创新能力体现在创造性解决社会问题或改善生活方式，景观设计师的创新能力中应体现出为广泛公众服务的思想理念，体现设计师关注社会热点和社会情绪，反映社会公众某种共同的需要和兴趣。

另一方面，社会价值是景观设计创新的表现，是设计和设计文化对社会的积极作用，景观设计创新折射出了社会公众的共同理想，由社会经济结构的变革转化而来，与社会思潮密不可分。如当今的可持续设计、无障碍设计（设计不但为生理健康的人而且为残疾人服务）、绿色设计等，就是保护自然环境、节约资源等社会意识的体现。景观设计师的创新能力培养应植根于社会情景和群体文化生活。如图 5-1 所示不碍事的凹凸插座设计，景观设计师在空间设计实践中，发现很多家庭会遇到插座被柜子挡住，使用很不方便的困境，于是设计了这种新插座帮助解决问题。图 5-2 是荷兰鹿特丹著名的“仙人掌房”，创意出发点是给每个住户提供最大限度的室外空间和自然采光，特意为每家设计了一个向外伸出的绿色平台，人们可以种植花草，享受大自然生活。

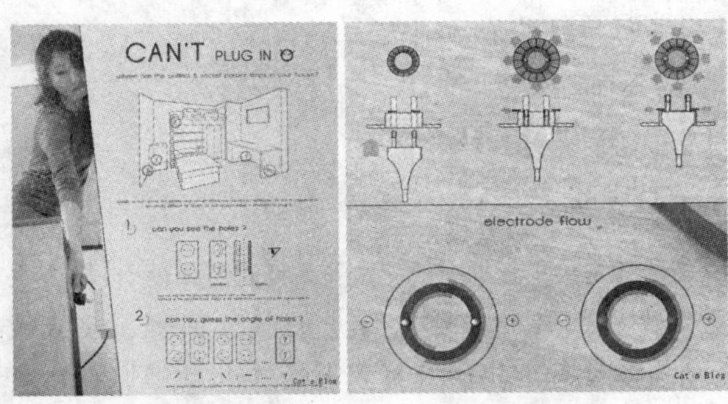

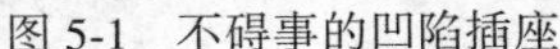
图 5-1　不碍事的凹陷插座　　　　图 5-2　荷兰鹿特丹“仙人掌房”

图 5-3 是 2010 年海地震后的重建项目“竹制 Lakou”，景观设计师 John Naylor 提出“竹子“做建筑材料。“竹制 Lakou”项目展示了一系列抗震性能好的竹结构，采用竹结构的建筑能够抵御飓风和地震，竹子作为廉价可再生建筑材料，具有代替高耗能材料（混凝土）的优势，这种有生态效益的材料得到广泛种植，成为国家造林策略的组成部分。在这种简单、稳健的设计帮助下，海地及其他地震频发区将会具有快速修复建筑及城市的能力，这个设计项目体现了景观设计师高超的设计水平和创新能力。

5.1.3　对设计的美学鉴定能力

罗丹说“世界不是缺少美，而是缺少发现美的眼睛”。一个人能否发现美，很大程度取决于其审美眼光和对艺术认知能力的高低。景观设计师以自己的审美个性改变着人们的生活方式，影响着人们的审美时尚。

审美能力是景观设计师自我能力的一种体现，较高的审美素养是景观设计师必须具备的基本能力，景观设计师对设计作品应形成独特的审美个性和分辨能力。如西班牙设计师

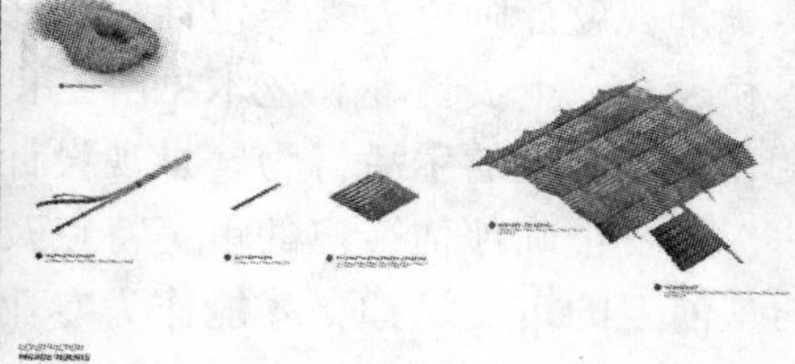

图 5-3 海地震后重建项目“竹制 Lakou”

安东尼·高迪（Antonio Gaudi）最大的特点在于他强烈的个人主观感欲望，其设计突破了外部客观条件界限，将设计师情感表达得登峰造极，在他的建筑作品中，流动的曲线、鲜活的颜色、夸张的造型都体现着设计师未泯的童心，以及他对源于自然生长性建筑的热爱和追求（图 5-4、图 5-5）。瑞士设计师 PeterVetsch 设计的生态住宅（图 5-6、图 5-7），充分利用了自然环境，像泥巴捏出来的小屋，其室外形态依托地形变化，掩映在绿树和草地之间，而室内装饰柔和多变，颇具高迪风格，体现了设计师独特的审美情趣。

图 5-4 圣家族大教堂

图 5-5 奎尔公园

图 5-6 生态住宅外形设计

图 5-7 生态住宅室内设计

景观设计师审美素养包括艺术修养和生活修养两个方面，艺术修养指个人对艺术的理解和表达，审美情趣和艺术见解是良好艺术修养的主体内容；生活修养是个人对生活的态度和由此产生的生活行为。景观设计师的审美思维不同于艺术家，不是仅满足个人思想表达，更要正确评估客户的审美特点及思维方式，并引导他们。所以，景观设计师要有独特的、前卫的审美情趣，才能作为专业人员引导客户。

景观设计师要依靠多方面的艺术修养和专业知识积累，特别需要经常有意识地留心观察身边各种成功或失败的设计，并总结经验。景观设计师在设计过程所持有的审美思维取向，直接影响着设计价值和优劣。总的来说，其审美能力表现在以下方面。

5.1.3.1　国际化与民族化

经济全球化导致文化被迫趋同，景观设计的国际化成为不可避免的趋势，民族化体现共性中的个性，它的存在是以国际化大趋势为背景。如图 5-8、图 5-9 所示是著名建筑师贝聿铭设计的苏州博物馆，结合了苏州本地传统园林风格和建筑元素，博物馆就像一个传统院落，但又结合现代设计方式和材料进行了创新，如玻璃屋顶的使用，引入自然光进入展区照明。

图 5-8　苏州博物馆设计

图 5-9　苏州博物馆设计

5.1.3.2　技术化与艺术化

当今社会是一个技术化时代，谁也不能否认技术给人类带来的巨大好处，作为一种高级的设计工具，它带来的绝不仅仅是创作方式的改变，更是创作思想的改变。艺术化是人类以情感和想象为特性，把握和反映世界的一种特殊方法。如图 5-10、图 5-11、图 5-12 所示是 ALA Architects 公司设计的 Kilden 表演艺术中心，外形外墙像一座抽象的纪念碑，极具雕塑艺术感，而室内设计现实与幻想交相衬托，人在其中穿梭时，会感受到天然景观与表演艺术的交替，螺旋形墙板戏剧效果很强烈，这些艺术形式设计既体现了景观设计师的想象力，也必须依托高技术支撑才能实现。

5.1.3.3　形式与内容的统一

当设计技术问题解决后，景观设计中艺术的成分会越来越重。一方面，景观设计师更多地通过艺术表现形式的竞争打动客户；另一方面，客户更加注重通过艺术表现形式的选择来表现个性要求和审美趣味。如图 5-13 所示鸟巢和图 5-14 所示水立方设计，艺术形式感远大于技术感，在视觉上体现了独一无二的个性特征。

图5-10　Kilden表演艺术中心

图5-11　Kilden表演艺术中心

图5-12　Kilden表演艺术中心

图5-13　鸟巢

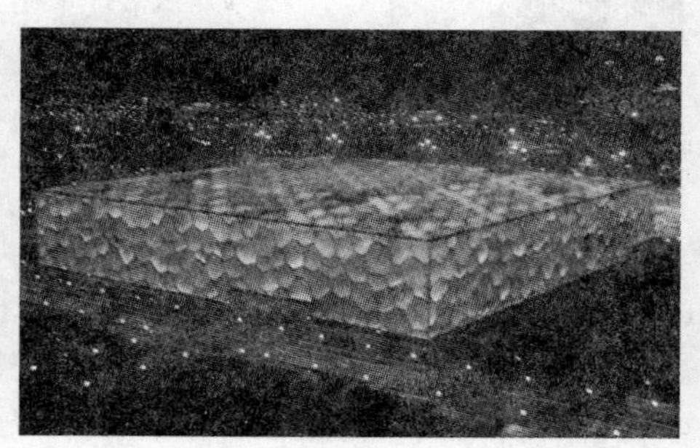
图5-14　水立方

5.1.4　对设计构想的表达和沟通能力

沟通指人与人之间思想和信息的交流，沟通是一门学问和能力，任何领域的工作都需要沟通，景观设计师也不例外。优秀的景观设计师不但是空间设计高手，更是沟通能手，当接到设计项目时，景观设计师要与需求方沟通，做用户调研（图5-15）。

设计过程中，景观设计师不仅要面对设计问题，往往还面对如何和客户沟通的问题。经常会遇到设计方案与客户最初的模糊设想不一样。许多客户找到设计师时，并不知道自己要什么，这需要景观设计师利用自己的方式去启发客户思维，如喜欢什么颜色、风格等。因此，在拿出设计方案之前，和客户进行细致周到的沟通非常重要，这是景观设计师需要学习的重要技能。

景观设计师与客户的交流可归为这么几个环节：一是倾听（了解现况），掌握情况，收集需求方想法，景观设计师应努力将这些信息可视化，对设计会有很大的启发；二是问诊（抓住问题本质），引用佐藤可士的说法“设计师=医生”，通过问诊找问题关键因素，帮甲方整理思绪，通过多次讨论，理清问题本质，这是关键点；三是分析（导入观点），对问题本质分析解读，以各种角度检视信息，给出景观设计师专业见解；四是解决（给出方案），通过与需求方探讨，给出相应解决方案（图5-16）。

此外，设计任务的完成经常是团队合作的结果，要想顺利、出色地完成设计任务，离不开相关人员的紧密配合和合作。如设计方案的制定和完善需要与公司决策者进行商榷、市场需求信息的获得需要与消费者及客户进行交流、各种材料的提供、施工工艺的实施等。因此，景观设计师需要较好的与人沟通、交流和合作能力。

图 5-15　景观设计师团队合作

图 5-16　景观设计师与客户沟通

5.1.5　具备较好的专业能力

景观设计师表达自己的创意要依靠图纸和模型，如果没有扎实的造型基础、绘图能力、对环境空间尺度和使用功能的整体把握能力、造价控制能力等，就无法表达自己的设计意图和顺利完成项目。综合来看，景观设计师应具备以下专业能力：

5.1.5.1　较好的绘图表现能力

景观设计师的绘图能力有两个方面，一方面是优秀的草图能力，画草图可以帮助收集日常资料及想法，将最初创意快速表现。曾经有许多人向卡罗尔出版集团（CPG）艺术总监 JamesVictore 请教怎样成为优秀设计师，JamesVictore 认为：在火车上或公车上、酒吧、会议中随心所欲地画草图方案，记录各种创意想法，是成为好设计师的重要途径。另一方面，景观设计师应掌握专业领域的计算机辅助设计软件，以便随心所欲地完成设计方案模型，提高工作效率和精确度。

5.1.5.2　专业知识综合能力

景观设计对专业知识的综合性要求很高，不仅有景观设计和绿化种植设计，还有空间结构、材料、陈设，甚至给排水、强弱电等专业方面的了解。景观设计师不需要样样精通，但对设计相关的知识领域应有所认识，以便设计方案的深入和图纸的可靠，可以提高设计的合理性和可实施性，有的放矢地控制施工费用。

5.1.5.3　掌握专业制图流程，熟悉各种材料

景观设计师应对专业流程非常熟悉，设计专业化、系统化是客户对景观设计的基本要求，景观设计师与客户交流中，应尽可能解答客户的各种疑问。因此，需要熟知从草图、方案深入到三维渲染及细节完备的整个过程。对设计材料的应用与选择要有专业判断，不能仅停留在生活常识的基础上。科技进步带动了材料科学日新月异，植物纺织纤维、透明混凝土、黏土无纺布等各种新型材料层出不穷，材料是影响景观设计效果和费用投入的决定性因素，景观设计师应有全盘掌控能力。

5.1.5.4　设计管理能力

随着景观设计在社会生活的应用和作用越来越广泛，设计工作日益复杂，优秀的景观

设计师不仅要做好创新，还需团队合作和设计项目管理能力，要懂得对方案进行可行性评估和预见，带领团队成员解决从设计到施工环节中的技术难点并予以支持。在设计流程的时间安排上要恰当，如三维渲染、制模、精细图样绘制等安排明确，有能力快速高效地调动设计团队进行分工协作，这也是景观设计师走向专业化的进一步需要。

此外，施工管理经验也应是设计师的专业素养体现，有了一定的施工管理经验，才可预先想象完工后的设计效果，熟悉施工工期、工序和施工难易程度，以便在设计工作中有预见性地解决问题，如审核设计方案能否实施，审核设计方案和施工图的正确性、完整性，熟练应对项目部或施工单位提出的设计变更等问题。

5.1.5.5 积累与分析的能力

景观设计师的灵感要通过长期积累才能寻到爆发点，积累过程不仅是技术经验，更有审美和文化积淀。如一个人停止思考，其专业水平就会很难提高，在积累之上不断总结分析，审视自己，不断变换思维方式才能让设计灵感越来越多。

5.2 综合素养要求

【本节引言】

今天的景观设计师不仅是一种职业，更是改变人们生活方式的参与者与推动者。因此，景观设计师除了有良好的专业素养，还须具备相关综合素质，本小节主要介绍了这一内容，如设计师社会责任感、团队精神、学习能力等。

5.2.1 景观设计师要有高度的社会责任感

当前，自然灾害频繁、环境污染严重和资源匮乏已造成社会发展无以为继，而文化及地域特色在全球化冲击下正逐渐消失。从20世纪后半期开始，景观设计师已经意识到自身工作应具有社会和环境保护的责任，优秀的景观设计师应考虑从以下几方面来承担起社会责任。

5.2.1.1 关注和增强环境保护意识

减少能源消耗。供热、空调、照明及各种现代化设施都使用能源，同时在能源供应中出现废物处理、破坏生态等问题。景观设计师要通过有效的自然通风、太阳能加热、日光照明等方法减少能源消耗，形成有社会责任感的景观设计。

珍惜水资源。通过再循环系统或个性化设计减少草地、喷泉、水池中的水量。

合理使用原材料。选择材料要考虑资源的损耗，减少废物产生，使之对社会影响降到最小，景观设计师应对生态和环境保护作出贡献，如选择普通针叶材优于珍稀的阔叶材，这就是有利于生态和环境保护的设计决策。

减少废物的产生。提供有效的处理手段，提出适当再利用的方法会有助于鼓励改进处理废物的手段。景观设计师应多向客户建议废弃物最少的原材料和技术，包括施工现场处理废物的最佳方法。

利用和保护古建筑。对古建筑毁坏不仅是可怕的浪费行为，更是对地域文化的不负责任。景观设计师应考虑通过巧妙、有计划的改造使其被再利用，给旧建筑以新用途。

5.2.1.2　关注弱势人群

著名设计理论家巴巴内克（V. Papanek）在《为了人类的设计》一书中指出：大多数设计是为发达国家的富裕人群，设计师们无视残疾人、贫困者、老年人等，设计服务对象应包括这类群体。

在实际生活中，由于身体、年龄及其他原因导致相当一部分人不能正常生活。而大多数环境空间往往忽视了这些人群，使得他们被社会隔离。负责任的景观设计师应积极关注他们，通过“通用设计”和特别设计改善弱势人群的生活状态。

首先，为残疾人设计是景观设计师的社会责任。为残疾人进行设计既体现对弱者关怀，也是帮助他们自立，使他们能够和健全人一样在社会上体现人生价值，为社会做出贡献。如在室外通道、坡道、公用厕所及其他环境设施为残疾人设置专用入口，为视觉残疾者设置盲道、导盲设施等，这种为照顾弱势人群而进行的景观设计就是关怀设计。

其次，老年人口在各国增长很快，愈来愈影响社会经济的发展，由于体力衰退，他们的行动能力和独立生活能力降低，为老年人的景观设计应帮助他们解决困难，设计适合老年人的健身、娱乐、文化教育、旅游、信息等。

5.2.2　景观设计师要了解本行业政策法规

景观设计为人类和社会服务，必然受到国家法律、政策的保护和制约，景观设计师必须对专利法、合同法、规划法、环境保护法、标准化规定等相关法律法规有相应了解并切实遵守，既要维护自己的权益，也不能侵害他人与社会的利益。

5.2.3　景观设计师要有团队协作精神

王受之先生说过，设计师很重要的一种素质就是合作精神。景观设计是一项涉及面广、整体性强、复杂度高的系统工程，一个人不可能承揽全部设计任务，需要各方面人才的密切配合，特别是大型设计项目中，团队设计力量决定了设计质量。从国外景观设计发展历程可以看到，越来越多的设计项目是以设计公司或事务所形式出现，随着人们对环境的要求越来越高，景观设计师面临的挑战越来越大，要想使设计满足不同消费群体，仅靠个人能力很难准确把握消费者心理，需要团队合作及不同设计师的体验和理解。

5.2.4　不断学习能力

优秀的设计作品依赖于景观设计师的知识与技能水平，技能的获得取决于不断学习与积累，景观设计师要有边学边用的能力，善于将零散处理问题的方法和经验汇聚成系统的理论知识。

5.2.4.1　要有计划、有步骤地查缺补漏

参考上述章节介绍的设计师素养标准，对照自身情况，发现不足，制订科学合理的学习计划，为保证计划实施，还要制定切实可行的实施步骤。

5.2.4.2　要有正确的学习方法

景观设计师不仅要加强理论知识学习，而且要注重优秀设计作品的研读和实地考察，提高理性和感性认识。应注意根据自身情况分配好时间和精力，力争取得事半功倍的学习效果。

5.2.4.3 要分类建档、善于积累

要经常记录和保存有价值的资料、照片或影像，科学分类归档，踏踏实实做好积累工作。

5.2.4.4 要善于比较、勤于思考

如将类似项目的景观规划、节点设计、细部构造和材质效果等方面的多种设计做法进行比较，找出差异和特点，可以进一步改进和创新，从而较快地提高设计水平。

【本章思考题】

1. 结合本章中景观设计师“创新能力”的学习，谈谈自己对设计师社会价值的认识。
2. 请结合著名设计师的经典作品，分析设计师对“国际化与民族化、技术与艺术”的审美处理。
3. 景观设计师与客户的沟通过程可分为哪几个关键环节，请画出沟通流程图。
4. 景观设计师的专业能力主要包括哪几个内容？
5. 景观设计师的社会责任感在当前体现在哪些方面？请分别列举正反案例说明。
6. 谈谈你对景观设计师“团队合作精神”重要性的认识。

第六章　景观设计评价

【本章要点】

景观设计评价包括功能评价、视觉与美学评价、社会环境评价、可持续评价。

【本章引言】

景观设计评价指对景观设计过程中所涉及的诸多问题进行评价和判断。它以一定的价值观为基础，选择适宜的评价方法和模式，对景观设计作品、设计师的创作思想和实践进行鉴定和评价。从评价内容看，可以分为创新性评价、功能评价、视觉与美学评价、社会环境评价和可持续评价五个方面。

6.1　创新性评价

【本节引言】

创新性是景观设计师创造力的体现，是评价景观设计方案的重要标准之一，好的创新设计可以大大拉近作品与使用者的距离，创新性评价主要体现在专业性、思考力和激发性三方面。

6.1.1　专业性

专业性指景观设计师对事物的深刻理解和高水平实现。在社会“专业化”浪潮下，使用者提出了“专业化”服务要求，专业化是对创新经验与能力的肯定，体现了景观设计师的创意个性和素质，决定设计作品的细节和质量，如景观设计师对空间尺度的感受、生态认识、使用者理解等，这些经验上的细微差别往往在方案作品中起着相当大的作用。

6.1.2　思考力

好的设计作品能引发深思，继而产生共鸣，思考力是景观设计师对社会、环境与人关系思考的反映，能使人产生心灵震动或感悟。如法国朗香教堂（图 6-1）以雕塑感和视觉神秘感引起参观者心灵感悟，有人说它像一艘大船，像一顶牧师帽，也有人说像祈祷合掌的双手等。安藤忠雄设计的“光之教堂”（图 6-2）在墙面上开凿了一个十字形窗，当光线透入时形成特殊光影效果，使人产生肃穆、与上帝对话的错觉，这些 20 世纪经典作品的共同特征是设计给予观众思考力。

图 6-1 朗香教堂

图 6-2 光之教堂

6.1.3 激发性

环境通过空间形态、色彩、材质甚至声音等刺激用户，引导用户行为朝着景观设计师预想的方向改变。例如，人们在炎热夏天的室内空间里容易烦躁，工作效率和热情会明显降低，景观设计师在入口设置风铃，通过轻盈、透亮外观及清新声音帮助安抚心绪就是一种设计激发作用。日本著名建筑师坂茂设计的卷筒卫生纸也是用设计引导用户行为的经典案例（图 6-3），看似简单的设计改良带来巨大变化，该设计包含了约束和刺激两个层面的引导，设计师将纸芯改成方形，四角形卫生纸在抽取时会产生阻力，这种阻力发出的信息和实现的功能就是节约能源。同时，四角形卫生纸在排列时彼此产生的间隙更小，同样的空间内可以储存更多。这个设计深刻地体现了设计师批判性的思考力，设计具有对生活的批判、思考和激发力，它来源于设计师对人类行为的观察和反思。

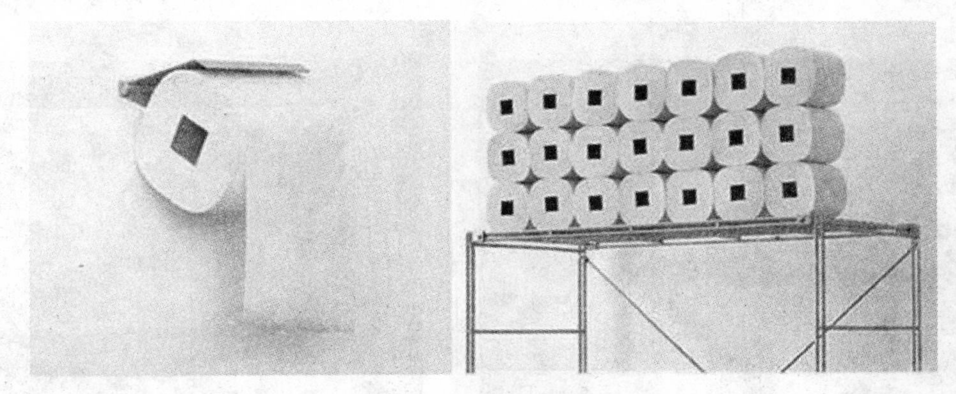

图 6-3 日本建筑设计师坂茂设计的卷筒卫生纸

6.2 功能评价

【本节引言】

功能评价是景观设计评价的最基本内容，它包括了“适宜的容量、宜人的环境、情感调节功能”三个重要方面，特别是“情感调节功能”越来越成为景观设计的一个关键要素。

6.2.1 适宜的容量

空间容量是尺度和尺寸的设计，衡量标准指设计空间承载量与容纳能力是否相适应。具体表现在面积、容积、长度、宽度、高度等“量”的平衡和相互关系上。适宜的容量首先表现为适宜的密度，即在空间中进行各种活动时，人均占有的面积大体适当。

6.2.2 宜人的环境

宜人的环境主要指使用者的舒适问题，指以人为中心和尺度，满足人的生理和心理需要。其中，场所感是景观设计很重视的一项宜人因素，意味着空间“由特定的形式、事件或强烈的熟悉感而产生”，意味着空间环境要使人感到亲切，得到某种享受和满足。宜人环境是人性化设计的体现，已成为景观设计的一个基本出发点和评价设计优劣的最佳标准。

美国心理学家马斯洛（Maslow）将人的需求划分为五个层次：生理需要、安全需要、感情需要、尊重需要、自我实现的需要。按照这一理论，景观设计的宜人评价主要是生理和心理需要的满足，要求在“以人为本”指导下，将设计重点放在如何使环境和设施更适合人的使用，景观设计师主要借助人机工程学使设计适应人的生理、心理特点和使用习惯，提高环境的便利性和宜人性。图 6-4 是现代小区休闲景观设计，通过水和绿色给人亲近感，增加了生活活力。而图 6-5 是杭州万科“第五园”景观设计，借助中式古典园林的设计手法，一步一景，水、植物、庭院等相互辉映，创造了让人心情愉悦的生活空间。

图 6-4　现代小区休闲景观设计

图 6-5　杭州万科第五园景观设计

6.2.3 情感调节功能

环境景观的功能可分为满足公众活动的物质功能和精神文化需求两大方面，这是景观设计的基本出发点。在合适的时间和地点，景观设计能向人们提供缓解生活压力的调剂方式，引发人们的情感共鸣，有利于身体健康和情绪安定。

环境对人的情绪和情感影响非常重要，人们使用空间的同时还进行着情感交流，不能产生情感交流的空间是“失落的空间”，从人对空间的真实感受出发才是真正“以人为本”的思想。因此，情感在空间设计中的作用很重要，能给人内心启发，而空间有了情感融合会生机盎然，富有灵气。

一般情况下，人的情感是模糊的，但空间形状特征常会使活动于其中的人们产生不同的心理感受。著名建筑师贝聿铭先生曾对他的作品“华盛顿国家美术馆东馆”三角形斜向空间有过这种描述，他认为三角形、多灭点的斜向空间常给人以动态和富有变化的心理情感，有一种亲切宜人的气氛和宾至如归的感觉（图6-6）。

图6-6　华盛顿国家美术馆东馆

如柏林犹太人博物馆设计（图6-7），充分运用了情感对环境空间的影响，成功塑造了博物馆的功能定位，设计师在作品中倾注浓浓的情感，使空间发出凝重叹息，这种叹息被每一个观众深深回味。而巴黎蓬皮杜艺术中心也是通过材质的暗示功能打破设计框架，大胆地表露铝合金、钢铁等金属板材，这种视觉效果牵动了人们潜在的怀旧情绪（图6-8）。

图 6-7　柏林犹太人博物馆图

图 6-8　巴黎蓬皮杜艺术中心

6.3　视觉与美学评价

【本节引言】

视觉与美学评价指对环境形态表现及审美理解的认定，它包括外在和内在两方面，外在元素如环境建筑、空间整体感、比例尺度、色彩、材料等视觉评价；内在元素如心理感受、文化传承、人性因素等方面。

环境视觉反映了环境空间的结构、类型特点和文化特征，是人们在心理上认知环境的基础。而审美评价是设计中的一个重要评价指标，也是争议较大，很难量化的评价内容。本节主要从清晰的结构、视景的和谐、空间的特色三个方面展开具体说明。

6.3.1　清晰的结构

空间结构清晰是有序性的表现，结构清晰与否取决于以下几个因素：一是空间的中心，包括它的内容位置和形象；二是各种功能的主次，包括它们在空间中的位置；三是联系空间各部分的通道，它们所构成的网络形式，以及它们是否容易被识别；四是空间的边缘和标志是否有较强的可认识性和领域感等。图 6-9 是欧洲某城镇的俯视，其功能组织和结构非常清晰。图 6-10 中国浙江兰溪诸葛八卦村布局，整体布局以钟池为中心，居住房屋按建立时间呈放射状性，形成八块，空间结构清晰，功能主次明确。

结构的清晰除了空间布局，还受空间内容的影响，主要集中在点（广场、标识物）、线（路径、边界）、面（街区、空间）三种词汇，视知觉具有极强的完形能力，它能够通过几个突出特征唤醒对人们对环境的记忆，将点、线、面联系在一起，形成空间环境的视觉印象，空间结构直接影响受众对环境构成要素的尺度、形状等感受，视觉美感的形成离不开景观环境构成。图 6-11 是办公空间设计，景观设计师以点和线的节奏韵律划分办公区域，使得空间结构充满动感和趣味。图 6-12 是秦皇岛汤河滨河公园景观设计，设计师在公园中设计了一条绵延于树林中的线性景观元素，具有多样功能和视觉体验，红飘带既能与木栈道结合为座椅、与灯光结合为照明设施、又与种植台结合为植物展示廊，而其动感线条还可以作为一条指示线。

图 6-9 城市空间结构

图 6-10 诸葛八卦村布局

图 6-11 办公空间韵律与节奏

图 6-12 秦皇岛汤河滨河公园景观设计

6.3.2 视景的和谐

视景即人所看到的图景。如以商业娱乐为主的场所，应该表现为欢乐、热烈；以纪念性为主的场所，应表现为肃穆、庄严；以文化为主的空间，宜表现为舒展、高雅等。人在城市空间中看到的建筑都不是孤立的，而是成组（群）成行（列）。因此，建筑的组合形式、轮廓线是城市视景的重要组成部分。图 6-13、图 6-14 是北京建国门大街北侧的交通部、全国妇联等几座相邻大楼，每座建筑都体量庞大，气势非凡，但整体看，却是“各自亭立，互不相关”，忽略了城市轮廓线视觉审美。

图 6-13 北京建国门大街的交通部

图 6-14 北京建国门大街的全国妇联

视景的和谐除了空间结构、形态外，色彩也是环境视觉效应的重要组成部分，它是环境意象的主要来源。色彩视觉会对人的心理产生不同影响，如红色带来热情兴奋，绿色带来平静大度，蓝色带来冷静辽阔等。英国伦敦曾对著名的泰晤士河两岸的建筑进行了色彩规划，使之更统一（图 6-15）；意大利都灵为了保护富有特色的城市环境，以传统建筑为基础对整个城市的建筑色彩进行了规划；墨西哥建筑中到处体现了墨西哥土著文化绚烂的色彩之美（图 6-16）。

图 6-15　泰晤士河两岸建筑色彩规划

图 6-16　墨西哥土著文化绚烂色彩

色彩在景观设计中常可以发挥特别作用，如引起人对某物或空间特别注意，或降低重要性；使空间变大或缩小；强化环境的空间形式，或破坏其形式等。现在，人们已经深刻认识到了色彩在景观设计中的作用，大胆运用色彩来调节空间的环境气氛，创造舒适的环境以利于身心状态的调节。

6.3.3　空间特色

空间特色表现在两个方面：实体空间特色和人文特色。实体空间特色主要有如下几种：

一是与自然结合的形式，如傍水依山，山地起伏，古树参天，奇花异草等。威尼斯水城形成了以水为生活的特色空间（图 6-17）。二是与历史文物、历史建筑的结合，如德国鲁尔区埃森市的矿业同盟旧工业区景观改造设计，桥梁、水坝、高炉、厂房等被原地保留，通过现代设计手法，使厂房用来展览、办音乐会、博物馆等，展示了鲁尔工业区的曾经辉煌和新面貌（图 6-18）。三是建筑的特色，如空间中有几座建筑艺术质量很高的建筑等，图 6-19 是荷兰鹿特丹“立方体”住宅，以其艺术性成为当地的著名旅游景点和地标式建筑，像悉尼歌剧院一样，为世界建筑设计史添加了鲜亮色彩。四是园林绿化的特点，图 6-20 是马丁路德金景观大道设计，装饰感非常强。五是独特的道路形式，图 6-21 是厦门环岛路黄厝段的一条彩色道路，红色路面与碧海蓝天、绿树白云构成一道绚丽风景线，图 6-22 是澳大利亚花园里的道路设计，自然与人工感交相呼应，形成趣味。

空间人文特色集中反映在不同性质的场所精神上，好的设计能充分挖掘和利用城市的人文历史资源，利用丰富多彩的城市活动、城市中的历史名人、著名历史事件或历史活动发生地创造特色的空间。如图 6-23 上海城隍庙和图 6-24 南京夫子庙所示。

图 6-17 威尼斯水城

图 6-18 德国鲁尔旧工业区

图 6-19 荷兰鹿特丹“立方体”住宅

图 6-20 马丁路德金景观大道

图 6-21 厦门彩色道路

图 6-22 澳大利亚花园道路设计

图 6-23 上海城隍庙

图 6-24 南京夫子庙

6.4 社会环境的评价

【本节引言】

社会环境的评价主要侧重景观设计的社会影响，包括设计对文化、公众生活和心理等方面的积极作用，反映了设计与社会环境的融入程度，其评价内容包括“地域文化、公众参与度，心理体验”三个方面。

6.4.1 地域文化

一方水土养育一方人，不同气候、地理特征等因素解释了环境差异的合理性，也是不同区域形成自己特色的主要条件和历史积淀。地域文化评价是对景观设计多元化的肯定。评价具体的景观设计是否合理，一定要使之与所在环境的总体风貌相联系，要以环境个性的存在作为资源和文化价值的依据。

我国当前城市建设出现了很多不尊重地域人文特色的景观设计作品，有的忽视场地土壤、光照、水源特点，大量引用其他地区的昂贵树种，有的忽略当地人文环境，建造了许多不符合民风民俗的建筑和景观小品，有的盲目追风，大量仿制巴洛克建筑，营造欧式风情等。这种脱离地域特色的景观设计致使我国许多城市失去特色，千城一面。图 6-25 和图 6-26 是 2011 年中国十大丑陋建筑作品，充分体现了建筑设计与地域的不协调。

景观设计需要特色，地域文化是一个重要评价因素，设计应尊重当地的自然、人、地域文化，体现当地的地域民族文化特点，将形态特征和文化内涵有机结合，使其既有浓郁的民族风格，又有现代气息。当人们对他们所生活地方的社会习俗和自然环境越来越熟悉，并越来越融入到这个环境中的时候，他们就会对这个地方的风俗、传统以及建筑和景观越来越依恋，地域文化有助于塑造鲜活的环境空间。

图 6-25 南京市雨花台区委区政府大楼

图 6-26 贵州湄潭县茶文化陈列馆建筑外形

从某种程度上说，文化对景观设计有全方位和深刻的影响。由于文化发展的长期性、稳定性，不同历史时期的景观设计会留下时代文化的烙印，只有立足于传统文化，对外来文化兼收并蓄，摆脱庸俗模仿，才能有好的创新设计。

6.4.2 公众参与程度

公众参与指通过某些形式让人们乐意享受环境设施，参与景观设计、建造及维护过程。设计心理学认为设计创造就是为了让更多的人使用环境，景观设计师在创作中为公众注入许多实用的环境要素，这只是诱发环境参与的先导，重要的是为使用过程中群众再创造留有较大余地，将会使景观设计更具有弹性和艺术魅力。例如，通过各种喷泉、流水、泳池等水环境，营造可观、可游、可戏的亲水空间，非常受居民欢迎，图 6-27 是波特兰公园詹姆斯广场水景设计，增加了城市居民亲水乐趣和生活娱乐。图 6-28 是沈阳建筑大学景观设计中的特色“城市稻田”，大学生休闲之余做做劳动，或是中小学生们在节假日里来这里体会大地和稻米，无形中增加了环境亲和力。

图 6-27　波特兰公园詹姆斯广场水景

图 6-28　沈阳建筑大学“城市稻田”

日本安波山公园为了创造根植于社区、为市民所关心喜爱的公园，专门设置了一个作坊，供市民与专业设计小组一起参与到公园小品设施的制作中来，专业设计小组的指导保证了整体环境质量，市民参与设计提高了主人翁的责任感和亲切感，使园区有了更多人文痕迹，景致也变得更加生动活泼（图 6-29）。

图 6-29　日本安波山公园制作坊

公众参与度对景观设计有诸多优点，一是从被动接受到主动转变，给景观设计提供量化参考；二是公众参与带来的责任感会大大提高公众对环境的关心与爱护，有利于施工监督及使用过程中的维护；三是公众参与设计有助于改变千篇一律的环境景观面貌，产生新鲜活泼、妙趣横生的生活空间。

6.4.3　心理体验

心理体验以感觉为基础，透过个体的视觉、听觉、嗅觉、味觉、触觉的刺激，引发其内在的心理过程。侧重从心理学的基本方法评价人在城市、建筑与室内外空间中的活动及人对这些环境的反应，由此反馈到环境规划设计、建筑和室内设计中。心理体验评价关注景观设计对人的心理影响，进而改善和提高生活环境质量。

景观设计应当考虑不同人群的心理要求。一般来说，工作景观设计和公共景观设计主要考虑社会群体的心理要求，如工业园区的设计、街道和花园的设计、城市的设计等，应以特定职业人群或特定居民群体的心理要求作为设计依据。而生活环境的设计，如住宅及室内设计，主要以个体的心理要求作为设计依据。

景观设计通过空间的组合秩序，实现生活环境与人的协调，它起着优化人的心理生态、减轻人的生活负担和提高生活质量的作用。景观设计因时、因地、因人而异，根据人的性格、偏好、所处环境及特殊需要，不断调整人与物之间的适应关系。

一是情感与理性体验。如使用方式的创新给消费者带来新鲜感或情感满足。在公共景观设计中考虑不同特殊人群（残疾人、孕妇）的需求，能增加环境的人性化好感和情感意义，图 6-30 是日本东京街头造型别致的公共厕所设计，为城市环境增添了不少情趣。图 6-31 是公园中的环境标识设计，体现了景观设计对人的关怀。

图 6-30　日本东京街头造型别致的公共厕所

图 6-31　无障碍关怀

二是领域性与人际距离。领域性本义指个体、家庭或其他社群所占据的某个空间，表现出力求其活动不被外界干扰或妨碍，不同的活动有其必需的生理和心理范围与领域。在环境空间设计中，设计师需要注意人的领域性与人际距离这一心理体验行为，合理安排人际交流空间。

三是私密性与安全感。私密性在景观设计中很重要，它表达了人对生活的一种心理概念。如室内景观设计要注意室内视线、声音等方面的隔绝要求，充分考虑室内环境的私密性。此外，人对空间环境有安全感需求，通常更愿意在大空间中选择有所“依托”的物体，基于人们的这种心理体验，景观设计师要注意环境中的安全感设计。图 6-32 和图 6-33分别是私密性和开放性两种不同空间布局。

图 6-32　私密性空间分割

图 6-33　开放性空间

因此，景观设计师需要根据人的心理体验进行设计，而不仅仅停留在单纯的使用功能、人体尺度等，更应从组织空间、尺度范围和形状、光照和色调等方面进行设计。

6.5　可持续评价

【本节引言】

当前，城市化及由此带来的人居环境恶化受到普遍关注，如何改善和提高人居环境质量成为各国环境建设的核心问题，景观设计必须贯彻可持续发展理念，将其作为最重要的评价标准之一，本节内容主要从“生态效益评价、再利用评价”两方面讲述了景观设计的可持续问题。

6.5.1　生态效益评价

生态原则是评价景观设计的一个重要标准，以尊重物种多样性、减少资源浪费和破坏为前提，达到优化和改善人居环境目的。当前，我国公民的生活条件日渐提高，但自然资源与生态环境破坏严重，在注重可持续发展的今天，生态效益评价非常重要，景观设计的生态效应评价一般集中在以下内容。

一是生态景观设计要减少对资源的剥夺，通过设计方法促进场地生态系统的协调和完善，倡导能源与物质的循环利用和场地的自我维持。图 6-34 是建筑师 Guz 在新加坡圣淘沙岛设计的一个全生态住宅项目，充分考虑当地海岸资源优势，在建筑中心设计了一个漏斗形楼梯，使阳光和海风能自由进出每一个室内空间，环保效果突出。

图 6-34　新加坡全生态住宅设计

二是尊重环境的地方性和传统文化。景观设计应着重考虑地方性和传统文化对设计的启迪。图 6-35 是天津市中环线河北区段绿化改造工程，绿地景观的背景以雪松和洋槐为主，便于防风防沙，紫叶李、金叶国槐、西府海棠等点缀其中，丰富了视觉效果，而这些植物均是乡土树种，使春秋短促的天津地区绿色空间得以延续和发展，在尊重地方性的基础上改善了生态环境。在文化传统方面，设计保留了建昌道与中环线交口处原有的两座雕塑与文化景石。图 6-36 是浙江台州永宁公园的生态化设计，有大量乡土物种构成的景观基底。

图 6-35　天津市中环线河北区段绿化改造

图 6-36　台州永宁公园

三是景观设计应做到共生性和综合性结合，环境是自然、社会、经济与文化的综合体，城市人文、地理、气候、水文、土壤、植被、动物、生物、微生物等社会与自然条件是景观设计师因地制宜的设计基础，需要运用多学科知识，多专业合作来满足人类不同层次的需求。

总之，景观设计应适应场地自然过程，就地取材，选择低环境影响的资源，如无毒害材料、可再生能源；材料用量最小化、碎料和废料最小化。关注环境生命周期优化，方便升级和提高适应性、耐用、便于清洁；减少建造过程中对环境的损害。

6.5.2 再利用评价

在社会庞大的废弃物中，很多资源是浪费造成，并带来严重的环境污染。其中，景观设计相关的建材材料资源消耗比重占原材料产业的90%以上。因此，需要提高景观设计中的再生资源利用量，进行“减量化、再利用、资源化”设计，这是景观设计可持续发展的重要评价内容。使用绿色材料是景观设计的发展趋势，一般情况下，景观设计师应优先选用可再生材料及可回收材料，有毒、有害和有辐射性的材料必须避免。为了便于回收，应尽量减少材料种类，考虑材料之间的相容性，减少拆卸分类的工作量。图6-37是上海市宝山钢雕公园废弃物再利用设计，利用废弃混凝土块、钢丝制作景观墙、雕塑、基座等，形成独具创意的景观特色。图6-38是上海世博会入口处设施设计，采用可拆卸、再利用材料，体现了可持续景观设计理念。

图6-37 上海市宝山钢雕公园

图6-38 上海世博会入口设计

【本章思考题】

1. 针对本章中关于景观设计创新性评价的介绍，请分别举例分析。

2. 请结合某个典型案例和空间设计方法，深入分析景观设计的情感调节功能如何实现。

3. 空间特色是环境视觉与美学评价的重要方面，其塑造方式有哪些？

4. 公众参与程度是社会环境的评价因素之一，请结合本章学习，列举3个“参与性缺失”案例并提出改进建议。

5. 可持续性景观设计应从哪几个方面进行生态评价？

第七章　景观设计学科的展望

【本章要点】

探讨景观设计学科的发展趋势。

【本章引言】

信息化时代的来临和建设生态文明的迫切需要使得对于景观设计学发展趋势的展望显得很有必要。未来景观设计会逐渐演变成一项系统设计，设计的重点对象必将从环境中的一个个单体扩张到网络般相互交织的整体系统。生态性为导向的设计观也促使了景观设计对生态学的观念与方法的借鉴。地域特征的挖掘与文化性的表达则是景观设计永恒的主题。景观设计应摆脱局限于城市和建筑空间的束缚，走向广大的乡村地区，以城乡统筹的设计观来指引乡村景观设计。随着城市产业结构的调整，产生了大量的棕地，如何将生态修复技术与景观设计有机地结合，通过棕地生态恢复、景观更新、遗产保护与再利用、游憩活动开发等方面的整合，实现自然与人文景观的和谐共生。

7.1　走向系统化的景观设计

现代景观设计已不仅仅是装点、美化环境，而是建立在系统化思想基础上的全面重组与再造，具有动态、多样、综合的效应。环境中的自然因素、人工因素和社会因素是互相联系、不可分割的，景观设计是一项系统工程，构建一套操作性强、可传授的现代设计体系以适应景观设计学科的发展势在必行。

环境是复杂的系统，以理性的环境分析为基础，系统地整合生态、功能、空间与文化等因素，最大限度地实现对于场地本体的认知，通过比较与筛选，明确场地的适宜性，为进一步的设计理念、技术路线的生成提供依据。景观设计实际上是设计师关于生态、场所、空间的理想及其物化，景观设计过程又具有理性与感性复合的特点，需要在系统方法论指引下的集约化设计体系的支撑。建立在系统化思想基础之上的“集约化”设计方法具有统筹兼顾、权衡利益、突出重点，实现场所均衡化的优势。集约化景观设计是指在景观设计生命周期（前期研究、设计、施工维管、再生利用）内，通过合理降低资源和能源的消耗以及工程投入，有效减少废弃物的产生，并且可再生利用，从而最大限度地改善生态环境，进而促进土地等资源的集约利用与生态环境优化，实现生态效能的整体提升，并富含人文意义，最终实现人与自然和谐共生的可持续性景观设计。

7.2 生态学观念与方法的运用

景观设计最终要实现的目标是人类生存状态的绿色设计，其核心概念就是要创造符合生态环境良性循环规律的设计系统。要实现这个目标，需要运用生态学的观念与方法。生态学是研究生物体与其周围环境（包括非生物环境和生物环境）相互关系的科学，其观念深刻地影响着景观设计的理念，景观设计突出在改造客观世界的同时，不断减少负面效应，进而改善和优化人与自然的关系，生成生态运行机制良好的环境。生态观念强调环境科学不断更新的相关知识信息的相互渗透，以及多学科的合作与协调。景观设计是一个系统性的设计，是对人类生态系统整体进行全面设计，而不是孤立地对某一环境元素进行设计，是一种多目标设计，为生命需要，为审美需要，设计的最终目标是整体优化。生态学方法可以贯穿景观设计的全过程，如从用地的选择、用地的评价、工程做法、材料的选择与运用、植物的选择与配置等方面，目的在于完善环境的机能，促成建筑与环境的有机化，从而达到建筑与环境的动态平衡。

7.3 地域特征与文化表达

地域是一个宽泛的概念，景观设计中的地域包含地理及人文双重含义。大至面积广袤的区域，小至特定的庭院环境，由于自然及人为的原因，任何一处场所历史地形成了自身的印迹，自然环境与文化积淀具有多样性与特殊性，不同场所之间的差异是生成环境多样性的内在因素。景观设计从既有环境中寻找设计的灵感与线索，从中抽象出空间构成与形式特征，从而对于特定的时间、空间、人群和文化加以表现，通过场所记忆中的片段的整合与重组，成为新环境空间的内核，以唤起人们对于场所记忆的理解，形成特定的印象。吉巴欧文化中心（图 7-1）的设计充分体现了对地域材料和地域气候的回应。建筑基地选择在努美亚东部的一处半岛，正好处在一个被热带植物覆盖的山脊上一块相对比较平整的地块上。建筑采用了“接地型”的方式对地形进行“重塑”。文化中心的总体规划也借鉴了村落的布局，10 个平面接近圆形的单体顺着地势展开，根据功能的不同，设计师将它

图 7-1 吉巴欧文化中心

们分做三组并以低廊串联。建筑形体采用了当地传统的卡纳克棚屋形式，使建筑与植物的形态相似，并使其外形与传统的村落产生呼应。

通过景观设计保留场所历史的印迹，并作为城市的记忆，唤起造访者的共鸣，同时又具有新时代的功能和审美价值。尊重场地原有的历史文化和自然的过程和格局，并以此为本底和背景，与新的环境功能和结构相结合，通过拆解、重组并融入新的空间之中，从而延续场所的文化特征。

7.4　城乡统筹下的乡村景观设计

在经济转型和城市化的冲击下，人们普遍关注城市的发展，城市广场、景观大道等“形象工程”、“政绩工程”充斥着每一个城市，而对于乡村地区的关注度则较低。改革开放以来，城市化进程的不断加快对乡村环境产生了前所未有的冲击，乡村固有的自然田园景观遭到破坏。城市景观实体逐渐向乡村地区推进或局部乡村景观向城市景观转变。城市化使一些具有历史和文化价值的传统乡村景观，尤其是一些传统乡村聚落，面临被毁灭的命运。城镇的扩张，传统聚落的消失和新建聚落的出现，这些都对乡村景观格局和田园面貌产生了巨大的影响。由于快速的城市化和盲目追求经济的增长，造成对乡村资源的不合理开发与利用，使乡村生态环境遭到不同程度的破坏，如：耕地面积减少，水土流失日趋严重，土地荒漠化加速发展，水资源短缺、环境污染不断加深。为了改变这种困境，我国在党的十六大制定了城乡统筹的政策，要改变和摈弃过去那种重城市、轻农村，“城乡分治”的观念和做法，通过体制改革和政策调整削弱并逐步清除城乡之间的樊篱。城乡统筹不仅包括社会的统筹发展，也包括人居环境的统筹发展，把城市和乡村人居环境作为一个整体进行统筹协调，才是改变现有困境的有效办法。景观设计是改善城乡人居环境的重要手段，要通过景观设计合理地保护乡村景观的完整性和文化特色，改善目前杂乱无章的乡村环境现状；挖掘乡村景观资源的经济价值；改善和恢复乡村良好的生态环境，营造美好的乡村生活环境、生产环境和生态环境，促进乡村的社会、经济和生态持续协调发展(图 7-2)。

图 7-2　瑞士小镇琉森

7.5 场所再生与棕地景观化改造

棕地（brownfield）一词最早出现在英国的文献中，是绿地（greenfield）对应的术语。最早的正式界定是在美国1980年颁布的《环境反应、赔偿与责任综合法》（Comprehensive Environmental Response，Compensation and Liability Act，CERCLA，也称超级基金法，SuperfundAct）中。该法案定义棕地为“废弃及未充分利用的工业用地，或是已知或疑为受到污染的用地”。自此以后，这一概念在西方国家中传播开来，各国对棕地的治理与再生再开发、再利用也逐渐重视。

棕地的成因在于工业区衰退和城市产业结构调整所导致的城市土地价值的改变。在西方，一是由于产业革命的影响及城市经济的发展，城市产业结构退二进三，工业区从城市外迁，早期的城市工业区开始衰退并失去利用价值，逐渐成为被废弃、闲置或利用率很低的用地，即棕地。在环境保护及可持续发展思想的影响下，一些重污染企业纷纷调整区位或转产，其原厂址也成为棕地。除了以前的衰落和受污染的工业地区之外，废弃的加油站、干洗店等商业设施、垃圾处理站、储油罐、货物堆栈和仓库、铁路站场等都可能是棕地之源。这样的场所很多都位于城市内部，其破败会造成土地闲置、社区衰退、环境污染、生活品质下降、人员失业、城市空间破碎等不良后果，对城市的经济、社会、环境等产生不利影响。所以，对上述地区的清理整治与再利用，虽然任重而道远，却是城市可持续发展与城市复兴的必需。

景观设计在这个领域可以大有作为，通过景观设计手段对棕地进行再生设计，挖掘棕地的历史文化价值，使残缺、荒废的环境恢复到令人满意的形式，与周围环境构成一个健康的整体，一个充满生气的富足的栖息地。比较有代表性的案例是德国景观设计师彼得·拉茨设计的北杜伊斯堡风景园（图7-3），该园充分利用了原有工厂设施，将其改造成休闲娱乐设施，使原来的废弃地成为了一座充满活力的城市公园。

图7-3 德国北杜伊斯堡风景园

【本章思考题】

1. 浅谈系统化思想在景观设计中的运用。

2. 请举例说明景观设计中如何运用生态学方法。
3. 景观设计中如何体现地域特征?
4. 乡村景观设计的内容有哪些?
5. 棕地改造中如何挖掘场所精神?

附录：案例

【项目名称】

三峡巴东水泥厂景观再生设计。

【工作团队】

清华大学建筑学院景观学系。

中国地质大学（武汉）景观学系。

西班牙巴塞罗那建筑学院。

【团队形式】

以中西双方学生为主体，由双方教师带队，以工作坊形式开展联合设计。

【选题背景】

本次联合设计由西班牙加泰罗尼亚理工大学、中国清华大学与中国地质大学（武汉）三校联合举办。设计的主题为“全球化时代下的特质与发展”（Identity and Development in the globalera），地点在长江三峡库区巴东县，时间为2014年9月至2014年12月。

本次联合设计旨在研究由于地质灾害导致人居环境受损的场地或由于人类工业活动导致环境破坏的场地景观再生设计方法。

【训练目的】

本次联合设计主要的训练目的如下：

①能力与方法的训练。包括：掌握现状调研的内容与方法，了解场地测绘的方法；掌握场地分析的内容与方法，提高分析问题的能力；加强与不同人群交流、沟通的能力。

②提高对形体及空间的驾驭能力，掌握空间设计的目的、原则、内容、程序、分析方法和相关技巧。

③掌握如何通过设计解决场地内部功能及其与外部的联系，练习不同功能、类型场所的景观设计（如广场、公园等）。

④加强对植物的认知能力，全面接触景观营造及改造技术，深度学习土壤改良、生态恢复等专项景观技术。

⑤全面、深入了解城市公共空间的功能属性和社会文化职能。

具体而言，从调查研究、分析、设计和成果等方面出发，提出课程的分项训练重点如下：

1. 调查研究

如何认识景观？如何对景观进行分类和描述？包含哪些元素，其内容、边界、空间如何描述？

基于上述认识，如何对景观涉及的要素展开调研？需要收集哪些方面的资料？

如何在资料收集过程中与各方利益主体保持良好的沟通，使之成为设计积极的建议者与支持者？

如何结合具体项目找到恰当的参考资料及案例？

在研究和分析案例与资料的基础上，如何找到关键性的技术、方法、结论，并将其应用到自己的设计中？

2. 分析

如何确立景观分析的尺度？如何确定不同尺度下景观的分析内容与方法？

景观如何被使用？各个元素之间的功能关系和结构关系如何？

如何运用多学科理论，来分析景观功能、结构与变化中存在的问题与机遇？如何使各方利益主体能够参与到景观分析过程中来？

如何诊断景观运行状况是否健康与良好？

如何分析景观与人类活动的交互作用和适宜性程度？

如何使分析更加量化和可操作？如何增强分析和设计之间的关系？

3. 设计

在自然、文化、社会、经济等综合分析的基础上，如何确定恰当的设计理念？

如何用景观技术与艺术等设计手法巧妙解决功能与立意的需求？

如何利用形式手段解决时间与空间的综合需求？

4. 成果/implementation

上述各方面问题及思考，分别通过何种形式能够得到清晰的表达？哪些形式的成果表达，有利于被各方理解、接受并且推动实施？

设计成果：

芳香工厂以水泥厂的辉煌至衰败再到复兴为时间轴，以水泥厂原有的生产流线为空间轴，充分尊重场地的历史，保留工业遗址生产的本质，将工厂的历史印记和人们对它的情感一直延续，通过以生态修复，尊重植物自然再生的过程，保护场地上的野生植物。修复被污染的环境，通过植被的芳香重新赋予它新的活力。

场地定位：生态恢复地与植物芳香公园

设计理念：根据场地台层高度差，将场地分为自然、工业、长江，以此作为人文到自然的联系，以 3L 作为场地的设计理念，即 nature landscape、production landscape、artificial landscape，以转变的形式将山体、建筑、水体联系起来。

总平面图

GENERAL LAYOUT

在总体规划中我们从色彩、材质、光影、遗留物、旋律等元素去诠释水泥厂的场地精神，在此基础上，利用植被的生态性将它原有的元素赋予新的生命力，赋予它新的功能，成为巴东新动力。

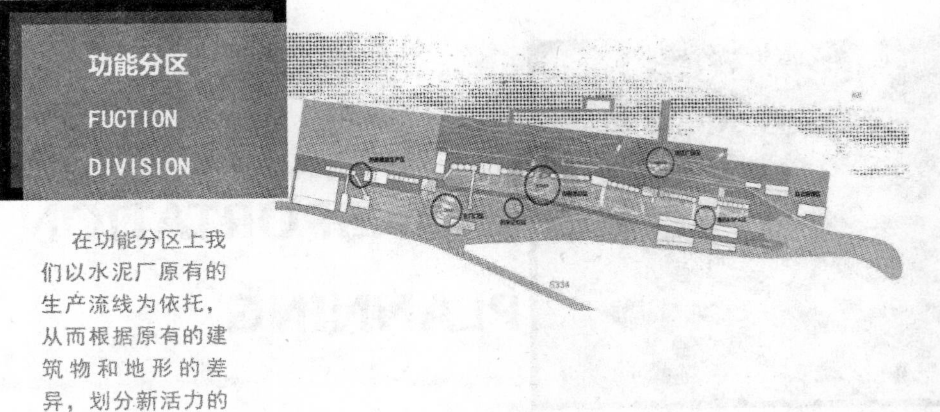

在功能分区上我们以水泥厂原有的生产流线为依托，从而根据原有的建筑物和地形的差异，划分新活力的功能区。

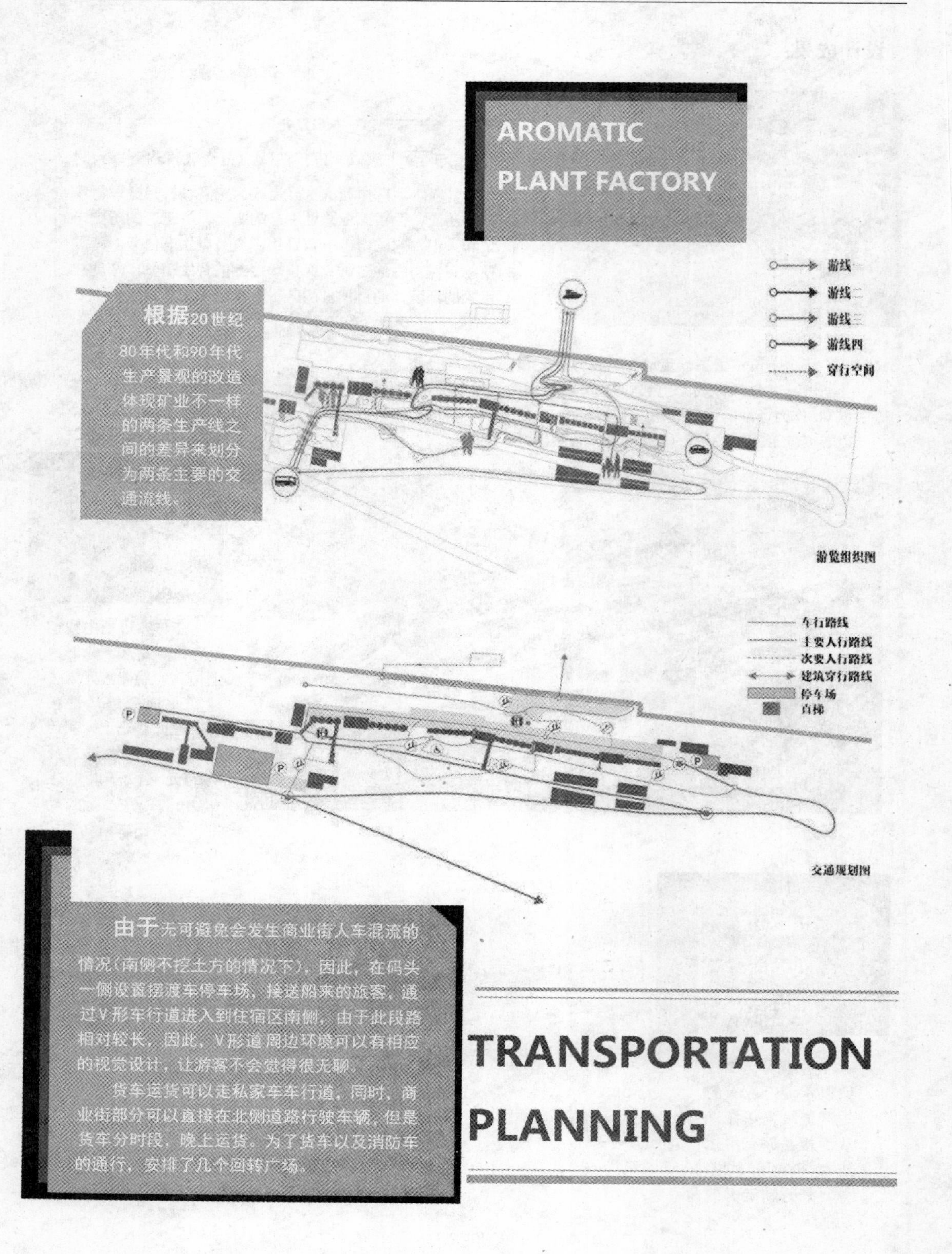
AROMATIC
PLANT FACTORY
游线
游线二
游线三
游线四
穿行空间
根据20世纪80年代和90年代生产景观的改造体现矿业不一样的两条生产线之间的差异来划分为两条主要的交通流线。
车行路线
主要人行路线
次要人行路线
建筑穿行路线
停车场
直梯
由于无可避免会发生商业街人车混流的情况（南侧不挖土方的情况下），因此，在码头一侧设置摆渡车停车场，接送船来的旅客，通过V形车行道进入到住宿区南侧，由于此段路相对较长，因此，V形道周边环境可以有相应的视觉设计，让游客不会觉得很无聊。
货车运货可以走私家车车行道，同时，商业街部分可以直接在北侧道路行驶车辆，但是货车分时段，晚上运货。为了货车以及消防车的通行，安排了几个回转广场。
TRANSPORTATION
PLANNING

游览组织图

交通规划图

AROMATIC PLANT FACTORY

在滨江带中就地取材，大量使用原工厂的废弃材料，使工业废料成为独特的景观设计材料。

滨江带因地形高差较大，地表冲刷严重，将选用生命力顽强、满足生态要求的乡土野生植物为主，尊重植物自然再生的过程，保护场地上的野生植物。场地存活下来的植被更能吸引野生动物栖息，最终在场地上重新建立起新的生态平衡；

AROMATIC PLANT FACTORY

芳香植物工厂区先采用可以吸收污水或土壤中有害物质的植物，用它们来处理污染问题，起到初步净化水体及修复受损土壤等问题。

在初步净化水体和修复土壤后将种植对污染物敏感的树种，对环境进行监测，进行辅助科学研究；另一方面利用可适应协迫的环境，如含重金属离子的土壤或植物，用来改造工业废弃地，创造有自然野趣的生态环境。

MEMORY FACTORY

树种选择：

抗污染树种：构树、朴树、梧桐、臭椿、龙柏、大叶黄杨、蚊母、女贞、海桐、银杏、垂柳、夹竹桃；

植物骨干树种：马尾松、黑松、刺槐、侧柏、池杉、榆树、香樟、栾树、椴树。

观花植物 ：广玉兰、猥实、紫薇、山茶。

AROMATIC PLANT FACTORY

PARK ENTRANCE

主入口立面图

主入口平面图

在公园的入口处原有场地是原材料倒放处，地形高差较大，在设计中将一部分建筑物拆除，将拆除的建筑废料用于道路铺设，整体上呈梯形结构，在道路两旁以不规则形设置树池，以及花池，其中植物散发的香味由清香到浓郁，形成一个“香道”引导。

参考文献

[1] 尹定邦．设计学概论［M］．长沙：湖南科技出版社，2009.

[2] 娄永琪．环境设计［M］．北京：高等教育出版社，2008.

[3] 赵良．景观设计［M］．武汉：华中科技大学出版社，2009.

[4]［美］麦克哈格．设计结合自然［M］．天津：天津大学出版社，2006.

[5] 冯纪忠．意境与空间——论规划与设计［M］．北京：东方出版社，2010.

[6] 赵冰．4！——生活世界史论［M］．长沙：湖南教育出版社，1989.

[7] 刘森林．公共艺术设计［M］．上海：上海大学出版社，2002.

[8] 吴良镛．人居环境科学导论［M］．北京：中国建筑工业出版社，2001.

[9] 程胜高等．环境生态学［M］．北京：化学工业出版社，2003.

[10] 林玉莲等．环境心理学［M］．北京：中国建筑工业出版社，2006.

[11] 张峻霞，王新亭．人机工程学与设计应用［M］．北京：国防工业出版社，2010.

[12] Jellicoe G，Jellicoe S，刘滨谊．图解人类景观：环境塑造史论［M］．上海：同济大学出版社，2006.

[13] 凯文·林奇（美 Kevin Lynch），方益萍，何晓军．城市意象［M］．北京：华夏出版社，2001.

[14] 郑曙旸．环境艺术设计［M］．北京：中国建筑工业出版社，2007.

[15] 吴家骅．环境设计史纲［M］．重庆：重庆大学出版社，2002.

[16] 芦原义信（日），尹培桐，建筑科学．外部空间设计［M］．北京：中国建筑工业出版社，1985.

[17] 沈玉麟．外国城市建设史［M］．北京：中国建筑工业出版社，1989.

[18] 刘敦桢．中国古代建筑史［M］．北京：中国建筑工业出版社，1984.

[19] 侯幼彬．中国建筑美学［M］．哈尔滨：黑龙江科学技术出版社，1997.

[20] 庄岳，王蔚．环境艺术简史［M］．北京：中国建筑工业出版社，2006.

[21] 李宏．中外建筑史［M］．北京：中国建筑工业出版社，1997.

[22] 张京祥．西方城市规划思想史纲［M］．南京：东南大学出版社，2005.

[23] 王向荣，林箐．西方现代景观设计的理论与实践［M］．北京：中国建筑工业出版社，2006.

[24] 董万里，许亮．环境艺术设计原理（下）［M］．重庆：重庆大学出版社，2003.

[25] 钱键，宋雷．建筑外环境设计［M］．上海：同济大学出版社，2000.

[26] 罗杰．特兰西克．找寻失落的空间［M］．台湾：创兴出版社有限公司，1989.

[27] 屈德印．环境艺术设计基础［M］北京．中国建筑工业出版社，2006.

[28] 高洁．城市景观环境中边界的构成及其艺术表现形式研究［D］．成都：西南交通大学，2007.
[29] 蔡泉源．基于住宅小区环境艺术设计的研究［D］．武汉：武汉理工大学，2007.
[30] 赵晓龙等．室内空间环境设计思维与表达［M］．哈尔滨：哈尔滨工业大学出版社.
[31] 陈洪伟．快速表现在环境艺术设计中的应用［D］．哈尔滨：东北林业大学，2008.
[32] 吴家骅著，叶南译．景观形态学［M］．北京：中国建筑工业出版社，1999.
[33] 陈从周．说园．［M］．上海：同济大学出版社，2007.
[34] 凌继尧．艺术设计概论［M］．北京：北京大学出版社，2012.
[35] 梁梅．中国当代城市环境设计的美学分析与批判［M］．北京：中国建筑工业出版社，2008.
[36]［英］安妮·切克．可持续设计变革：设计和设计师如何推动可持续性进程［M］．张军，译．长沙：湖南大学出版社，2012.
[37] 杨公侠．环境心理学：环境知觉和行为［M］．上海：同济大学出版社，2002.
[38] 陈凯峰．建筑文化学［M］．上海：同济大学出版社，1996.
[39] 钟周．现代设计概论［M］．北京：中国水利水电出版社，2013.
[40] 罗布．H. G. 容曼（荷），格洛里亚．蓬杰蒂（英）．生态网络与绿道——概念．设计与实施［M］．北京：中国建筑工业出版社，2011.
[41] 迪特·哈森普鲁格（德）．德国在后工业时代的转型——IBA 埃姆瑟公园和区域规划的新范式 121．刘崇译．建筑学报，2005，12：6-8.
[42] 郑曙旸．基于可持续发展国家战略的设计批评［J］．装饰，2012，1：14-18.
[43] 郑子良．刘禄山．文化遗产保护学刍议［J］．东南文化，2010（5）总第 217 期.
[44] 廖启鹏．基于生态价值观的废弃矿区再生设计之路［J］．南京艺术学院学报（美术与设计版），2014.
[45] 廖启鹏．废弃矿区环境再生设计中的大地艺术手段研究［J］．设计艺术研究，2014.
[46] 廖启鹏．“三位一体”模式下环境艺术设计课程体系改革研究［J］．艺术教育，2010.
[47] BERGER A. Drosscape：wasting land in urban America［M］. Princeton Architectural Press，2006.
[48] EZIO Manzini. Design，Ethics and Sustainability. Guidelines for a transition phase［J］. Cumulus Working Papers Nantes，2006（13）.
[49] MEYER E K. Uncertain Parks：Disturbed Sites，Citizens，and Risk Society［M］//CZERNIAK J，HARGREAVES G. Large parks. Princeton Architectural Press，2007：58-85.
[50] HOLLANDER J B. Polluted & dangerous：America's worst abandoned properties and what can be done about them［M］. University of Vermont Press，2009.
[51] Charness，N.，Fox，M. C.，& Mitchum，A. L. Lifespan cognition and information technology. In K. Fingerman，C. Berg，T. Antonnuci，& J. Smith（Eds.），Handbook of lifespan psychology［M］. New York：Springer Prss，2010.
[52] WALKER S K. The prevalence of blight and brownfield redevelopment in St. Louis［D］.

United States-Missouri: University of Missouri-Saint Louis, 2003.
[53] MHATRE P C. Examination of housing price impacts on residential properties before and after Superfund remediation using spatial hedonic modeling [D]. United States-Texas: Texas A&M University, 2009.
[54] KOROMAD B F. Contaminated brownfield sites: Impact on asset value and strategies for redevelopment [D]. United States-Washington: Washington State University, 2003.
[55] MIHAESCU O-P. Brownfield Sites and Their Negative Impact on Residential Property Values: A Spatial Hedonic Regression Approach [D]. United States-Ohio: University of Cincinnati Regional Development Planning, 2010.
[56] OPP J S M. "Laboratories of democracy" and state brownfield programs [D]. United States-Kentucky: University of Louisville, 2007.
[57] United Nations Environmental Program Division of Technology. Industry and Economics, The role of Product Service System in a sustainable society [R]. Kenya: UNEP, 2002.
[58] HOLLANDER J B. Unwanted, polluted, and dangerous: America's worst abandoned properties and what can be done about them [D]. United States-New Jersey: Rutgers The State University of New Jersey-New Brunswick, 2007.
[59] ZHIVOTOVSKYO. Assessment of phytoremediation potential of herbaceous and woody species with further application in brownfields [D]. United States-Connecticut: University of Connecticut, 2009.
[60] SOLITARE L G. Public participation in brownfields redevelopments located in residential neighborhoods [D]. United States-New Jersey: Rutgers The State University of New Jersey-New Brunswick, 2001.
[61] ZUPAN S. Assessing environmental justice and opportunities for community change: Brownfields redevelopment in Milwaukee's inner-city neighborhoods [D]. United States-Wisconsin: The University of Wisconsin-Milwaukee, 2010.
[62] PEARSALL H. Sustaining vulnerabilities? Exploring the sociospatial impacts of Brownfield redevelopment [D]. United States-Massachusetts: Clark University, 2009.
[63] MEDEARIS D. Considerations concerning the transfer of urban environmental and planning policies from Germany to the United States [D]. United States-Virginia: Virginia Polytechnic Institute and State University, 2007.
[64] ARMSTRONG C S. The social construction of brownfields [D]. United States-California: University of Southern California, 2007.
[65] WALDHEIM C. The Landscape Urbanism Reader [M]. Princeton Architectural Press, 2006.
[66] BERGER A. Designing the reclaimed landscape [M]. Taylor & Francis, 2008.